novas buscas em comunicação

VOL. 3

Dados Internacionais de Catalogação na Publicação (CIP)
(Câmara Brasileira do Livro, SP, Brasil)

Ortriwano, Gisela Swetlana, 1948-
A informação no rádio : os grupos de poder e a determinação dos conteúdos / Gisela Swetlana Ortriwano. – São Paulo: Summus, 1985.
(Novas buscas em comunicação; v. 3)

Bibliografia.

1. Rádio - Brasil 2. Rádio - Brasil - Aspectos políticos 3. Radiojornalismo - Brasil 4. Rádio - Brasil - Leis e regulamentos 5. Rádio - Programas - Brasil I. Título.

	CDD-384.540981
	-070.190981
	-384.5440981
	- 384.54430981
85-0152	CDU-347.763(81)

Índices para catálogo sistemático:

1. Brasil : Rádio : Aspectos políticos 384.540981
2. Brasil : Rádio : Comunicações 384.540981
3. Brasil : Rádio : Comunicações : Direito comercial 347.763(81) (CDU)
4. Brasil : Rádio : Programas : Comunicações 384.5440981 384.54430981
5. Brasil : Radiodifusão 384.540981
6. Brasil : Radiodifusão 070.190981

Compre em lugar de fotocopiar.
Cada real que você dá por um livro recompensa seus autores
e os convida a produzir mais sobre o tema;
incentiva seus editores a encomendar, traduzir e publicar
outras obras sobre o assunto;
e paga aos livreiros por estocar e levar até você livros
para a sua informação e o seu entretenimento.
Cada real que você dá pela fotocópia não autorizada de um livro
financia o crime
e ajuda a matar a produção intelectual de seu país.

A INFORMAÇÃO NO RÁDIO

os grupos de poder
e a determinação dos conteúdos

Gisela Swetlana Ortriwano

summus
editorial

A INFORMAÇÃO NO RÁDIO
Os grupos de poder e a determinação dos conteúdos
Copyright © 1985 by Gisela Swetlana Ortriwano
Direitos desta edição reservados por Summus Editorial

Capa: **Isabelle Bernard**
Conselho editorial da coleção: **Adísia Sá**
Francisco Gaudêncio Torquato do Rego
José Marques de Melo
Luiz Beltrão
Luiz Fernando Santoro
Muniz Sodré
Sérgio Caparelli

Summus Editorial
Departamento editorial:
Rua Itapicuru, 613 – 7º andar
05006-000 – São Paulo – SP
Fone: (11) 3872-3322
Fax: (11) 3872-7476
http://www.summus.com.br
e-mail: summus@summus.com.br

Atendimento ao consumidor:
Summus Editorial
Fone: (11) 3865-9890

Vendas por atacado:
Fone: (11) 3873-8638
Fax: (11) 3873-7085
e-mail: vendas@summus.com.br

Impresso no Brasil

Novas Buscas em Comunicação

O extraordinário progresso experimentado pelas técnicas de comunicação de 1970 para cá, representa para a Humanidade uma conquista e um desafio. Conquista, na medida em que propicia possibilidades de difusão de conhecimentos e de informações numa escala antes inimaginável. Desafio, na medida em que o avanço tecnológico impõe uma séria revisão e reestruturação dos pressupostos teóricos de tudo que se entende por comunicação.

Em outras palavras, não basta o progresso das telecomunicações, o emprego de métodos ultra-sofisticados de armazenagem e reprodução de conhecimentos. É preciso repensar cada setor, cada modalidade, mas analisando e potencializando a comunicação como um processo total. E, em tudo, a dicotomia teoria e prática está presente. Impossível analisar, avançar, aproveitar as tecnologias, os recursos, sem levar em conta sua ética, sua operacionalidade, o benefício para todas as pessoas em todos os setores profissionais. E, também, o benefício na própria vida doméstica e no lazer.

O jornalismo, o rádio, a televisão, as relações públicas, o cinema, a edição — enfim, todas e cada uma das modalidades de comunicação —, estão a exigir instrumentos teóricos e práticos, consolidados neste velho e sempre novo recurso que é o livro, para que se possa chegar a um consenso, ou, pelo menos, para se ter uma base sobre a qual discutir, firmar ou rever conceitos. *Novas Buscas em Comunicação* visa trazer para o público — que já se habituou a ver na Summus uma editora de renovação, de formação e de debate — textos sobre todos os campos da Comunicação, para que o leitor ainda no curso universitário, o profissional que já passou pela Faculdade e o público em geral possam ter balizas para debate, aprimoramento profissional e, sobretudo, informação.

ÍNDICE

	Prefácio	9
I.	*O Rádio no Brasil*	13
	1. A fase de implantação, 13	
	2. O rádio comercial, 15	
	3. Os novos rumos, 21	
	4. Tendência atual, 28	
	A. Especialização das emissoras, 28; B. Formação de redes, 31; C. Rádios livres, 34	
II.	*Situação da Radiodifusão*	37
	1. Emisoras, 38	
	2. Aparelhos receptores, 42	
	3. Audiência, 48	
III.	*Sistemas de Exploração da Radiodifusão*	52
	1. Sistema estatal X sistema comercial, 53	
	2. Funções e doutrinas, 54	
	3. O poder burocrático e o complexo publicitário, 56	
IV.	*Política e Radiodifusão*	59
	1. Os interesses internos, 60	
	2. As interferências internacionais, 61	
V.	*A Economia: O Complexo Publicitário*	63
	1. O investimento publicitário no rádio, 64	
	2. O anunciante de rádio, 67	
	3. Custos da publicidade no rádio, 69	

VI. As Leis da Informação 70
   1. Eletrônicos e impressos, 70
   2. Conteúdo e forma, 72
   3. Lei de Imprensa, 73
   4. Lei de Segurança Nacional, 73
   5. Código Brasileiro de Telecomunicações, 74
   6. Código Penal, 76
   7. Dispositivos constitucionais, 77

VII. A Estrutura Radiofônica 78
   1. Características do rádio, 78
   2. A mensagem radiofônica, 81

VIII. A Estrutura Jornalística 84
   1. As barreiras, 85
   2. As perspectivas, 87

IX. A Informação no Rádio 89
   1. Informação e notícia: conceitos, 89
   2. A mensagem informativa, 91
   3. Difusão da informação, 91
   4. Níveis de informação, 94
   5. Estratégia de programação e informação, 95
   6. Transmissão da informação, 98
      A. Equipamento, 98; B. Profissionais, 98; C. Fontes de informação, 103
   7. Seleção de notícias, 104

Conclusões 111
Bibliografia 115
Sobre a autora 117

PREFÁCIO

O livro de Gisela Ortriwano é daquelas contribuições ao arcabouço bibliográfico da Comunicação Social em nosso país que nos redime e nos alenta. Redime, na medida em que, quando busca enunciados teóricos em autores sérios, não se limita à reprodução de textos e conceitos que muitas vezes — ou quase nunca — nada têm a ver com a nossa realidade, essa "misteriosa" realidade, não raro fraudada ou ignorada; e alenta, porque abre, realmente, o caminho para o seu verdadeiro estudo e sua competente análise. Nesse sentido, o roteiro da obra, em estilo objetivo, da primeira à última linha, apresenta logicidade rara, tornando claro o seu desencadeamento e, em conseqüência, facilitando a compreensão pela unidade expositiva. Simples como é, ou pelo menos deve sempre ser, a comunicação. Não há rodapés inúteis nem concepções herméticas.

Para falar de *A Informação no Rádio* é evidente que teria de começar, como começou, pela sua história e consegue reunir tudo o que se conhece desses sessenta e dois anos de rádio no Brasil, praticamente até os nossos dias — aliás, a atualização de dados, em toda a obra, é uma ostensiva preocupação, o que, de resto, não é tarefa fácil neste país sem estatísticas. Como história não é algo frio, isolado, um compartimento estanque, mas sim um processo, a autora o faz chegar aos nossos dias, ligando-o às tendências atuais do rádio entre nós. Nesse sentido vale destacar a feliz classificação de Artur da Távola sobre o rádio de Alta Estimulação e de Baixa Estimulação. Trata-se de um conceito válido porque extraído da nossa realidade e, por ele, explica-se com bastante clareza nosso atual panorama radiofônico. É o caso dessa pretensa nova linguagem de algumas FMs ou tipicamente emissoras de baixa estimulação. Como elas se situam naquele processo?

Caberiam, para tentar uma resposta, algumas considerações sobre a importância do rádio, muito bem demonstrada pela autora.

Bastaria dizer, como Gisela comprova, que o nosso país é o segundo do mundo ocidental em número de emissoras e o quarto em receptores. Tal constatação nos leva à indagação sobre o verdadeiro papel desse veículo num país onde oitenta por cento da população não lêem, mas seguramente mais de noventa por cento ouvem rádio.

Até que ponto aquele Complexo Publicitário, minuciosamente radiografado e o próprio empresariado, juntos a manipulá-lo, têm consciência de seus compromissos sociais ou simplesmente os ignoram, mercantilizando-o em nome dessas pretensas novas linguagens nas quais, muitas vezes, só cabe o som parcimonioso e medíocre dos vitrolões, tendendo para "uma falsa cultura de classe média e de base estrangeira"? Será que, como Gisela acentua, essa é a correta utilização do rádio como "instrumento de identificação e de envolvimento social" e estaria ele cumprindo aquela "função ideológica como instrumento de coesão social e de legitimação política, a serviço da ideologia dominante na sociedade"? Seria o caso até que se perguntar: que sociedade é essa e que ideologia é essa?

No tocante às Leis da Informação (Capítulo IV), é ilustrativa, didática, útil e fundamental a condensação analítica dos aspectos essenciais da Lei de Imprensa, Lei de Segurança Nacional, Código Brasileiro de Telecomunicações e até do Código Penal, no que eles dizem respeito ao rádio. Fica bem evidenciado todo o instrumental *ad cautelam* que preside a concesão de canais no país. Essa parafernália jurídico-institucional vive em constantes mutações, buscando-se sempre "aprimorar" as relevantes razões de Estado, nunca as necessárias razões sociais, haja vista a complacência no que diz respeito à exploração do canal. Aliás, essas contradições são até curiosas, pois tanto se muda, se altera, se "aperfeiçoa" que, como diz Costella, em obra citada, a "Lei de Imprensa não há de morrer de velha. Morrerá retalhada...".

Mas é a partir do Capítulo VII que a autora começa a penetrar na estrutura radiofônica para chegar ao cerne de sua obra ou ao seu objetivo que é o trato da informação jornalística. A problemática da linguagem do veículo, desde Beltrão a Faus Belau e Moles, é analisada com muita propriedade, na sua essência, integrando-se à estrutura jornalística, logo a seguir. A interação da linguagem do veículo como um todo com a função específica de informar (para formar, como entendemos) jornalisticamente é, realmente, o ponto alto da obra de Gisela Ortriwano. A análise aprofundada das duas naturezas de informativos audiovisuais (tanto de rádio como de TV), a *adjetiva* e a *substantiva*, explica, como um véu desvendado, o comportamento da técnica, que foi, durante largo período, intuitivo nos profissionais do radiojornalismo brasileiro. Hoje, com o avanço tecnológico e com a estratificação e sedimentação das boas estruturas informativas de grandes emissoras, essa transmissão dos "palcos de ação" do fato, seja em forma de notícia, seja pela reportagem, fica bastante clara. Mas Gisela se preocupa, no bojo dessa exposição conceitual, com a própria definição de notícia, sobre a qual, segundo vários autores citados, ainda não se chegou a um acordo. Ou talvez, como diz Nilson Lage, "ainda não se conseguiu responder a uma pergunta simples: o que é notícia?"...

Entretanto, não é a indefinição conceitual que preocupa, porque bem ou mal, com academicismo ou com autodidatismo, com base teórica ou vivência prática, o rádio sempre soube informar. O que a autora reclama — e com muita razão — é do nível do profissional de rádio que se dedica à tarefa de manipular a informação. Ela quer o radiojornalista bem formado, cita os conflitos da legislação que regulamentou as profissões do jornalista e do radialista e coloca aquilo que já é um reconhecimento e um anseio de especialistas sérios no ensino de jornalismo: por que a ênfase (ainda renitente) nas faculdades de Jornalismo ao impresso, ficando o eletrônico como o "primo pobre" nas estruturas curriculares?

Ainda no item "Profissionais", a autora dá a fórmula, o caminho, para a estruturação de um bom Departamento de Jornalismo numa emissora de rádio. Discrimina vinte funções que podem parecer elementares, não fosse pela descrição precisa de seu desempenho e com nomenclatura moderna, enfatizando a figura do pesquisador como elemento-chave na retaguarda e muitas vezes na vanguarda de um bom serviço noticioso.

São eles, nas diferentes etapas e nas diversas atividades, que se vão envolver, direta ou indiretamente, na Seleção de Notícias ou, como a autora coloca, naquela "decisão de comunicar qualquer coisa que é, ao mesmo tempo, uma decisão de excluir tudo o mais". Sobre a importante questão, ou seja, essa síntese do universo jornalístico de um serviço noticioso radiofônico, não há qualquer acordo conceitual. E nem a investigação junto a profissionais levou (ou poderá levar) a um critério, a um roteiro de procedimentos, a uma fórmula mágica, enfim. Os fatores que incidem sobre tal fato, por incrível que pareça, corriqueiro no dia-a-dia das redações, não podem ser traduzidos em manuais práticos. Eles são políticos, econômicos, ideológicos, emocionais e até misteriosos. Às vezes secretos ou significam o que é verdadeiramente o segredo: de dois. Porque, como se diz, segredo que "vaza" de dois já é fato público, ou seja, notícia. Ou tende a ser. E o esforço da autora para provar esse óbvio, isto é, a impossibilidade de conceituar, percorre a melhor literatura sobre o assunto e, sem êxito, ou seja, sem chegar à conclusão que também ninguém conseguiu. Aí está, sem dúvida, um dos méritos da obra: demonstrar esse óbvio, porque como já se disse, a tarefa mais difícil para qualquer ser pensante é demonstrar o óbvio. E Gisela consegue

11

nesse caso. Por tudo isso, a sua conclusão e a conclusão a que chegamos sobre *A Informação no Rádio* é: inteligente, competente.

A obra da Profa. Gisela Ortriwano, pela seriedade com que é tecida, pela abrangência do universo que se propôs reunir e explicitar, pelo ineditismo do volume de dados que conseguiu reunir e ordenar, pela clareza e simplicidade da forma, pela substância riquíssima de seu conteúdo, passa a se incorporar ao que de melhor existe na bibliografia nacional do Jornalismo. É um trabalho de extrema importância para profissionais, para estudantes e, pelo exemplo contundente que representa, para estudiosos, professores de Comunicação.

Por tudo isso, honra-me ter sido convidado a registrar estas observações. É daquelas homenagens que recebemos como privilégio.

Santos, setembro de 1984
Walter Sampaio

I.
O RÁDIO NO BRASIL

O Rio de Janeiro é considerada a primeira cidade brasileira a instalar uma emissora de rádio. Antes disso, porém, experiências já eram feitas por alguns amadores, existindo documentos que provam que o rádio, no Brasil, nasceu em Recife, no dia 6 de abril de 1919, quando, com um transmissor importado da França, foi inaugurada a Rádio Clube de Pernambuco por Oscar Moreira Pinto, que depois se associou a Augusto Pereira e João Cardoso Ayres.[1]

Oficialmente, o rádio é inaugurado a 7 de setembro de 1922, como parte das comemorações do Centenário da Independência, quando, através de 80 receptores especialmente importados para a ocasião, alguns componentes da sociedade carioca puderam ouvir em casa o discurso do Presidente Epitácio Pessoa. A Westinghouse havia instalado uma emissora, cujo transmissor, de 500 watts, estava localizado no alto do Corcovado. Durante alguns dias, após a inauguração, foram transmitidas óperas diretamente do Teatro Municipal do Rio de Janeiro. A demonstração pública causou impacto, mas as transmissões foram logo encerradas por falta de um projeto que lhes desse continuidade.

1. A FASE DE IMPLANTAÇÃO

Definitivamente, podemos considerar 20 de abril de 1923 como a data de instalação da radiodifusão no Brasil. É quando começa a funcionar a Rádio Sociedade do Rio de Janeiro, fundada por Roquette Pinto e Henry Morize, impondo à emissora um cunho nitidamente educativo.

---
1. Sampaio, Walter. *Jornalismo audiovisual*, p. 19.

Mas o rádio nascia como meio de elite, não de massa, e se dirigia a quem tivesse poder aquisitivo para mandar buscar no exterior os aparelhos receptores, então muito caros. Também a programação não estava voltada para atingir aos objetivos a que se propunham seus fundadores: "Levar a cada canto um pouco de educação, de ensino e de alegria". Nasceu como um empreendimento de intelectuais e cientistas e suas finalidades eram basicamente culturais, educativas e altruísticas.

No início, ouvia-se ópera, com discos emprestados pelos próprios ouvintes, recitais de poesia, concertos, palestras culturais etc., sempre uma programação muito "seleta", apesar de Roquette Pinto estar convencido, desde o início, de que o rádio se transformaria num meio de comunicação de massa. E, devido a essa certeza e à vontade de divulgar a ciência pelas camadas populares, muitas iniciativas foram tomadas no sentido da implantação efetiva da radiodifusão no Brasil.

Ainda nos anos 20, o rádio já começa a espalhar-se pelo território brasileiro. As primeiras emissoras tinham sempre em sua denominação os termos "clube" ou "sociedade", pois na verdade nasciam como clubes ou associações formadas pelos idealistas que acreditavam na potencialidade do novo meio.

Nessa primeira fase, o rádio se mantinha com mensalidades pagas pelos que possuíam aparelhos receptores, por doações eventuais de entidades privadas ou públicas e, muito raramente, com a inserção de anúncios pagos, que, a rigor, eram proibidos pela legislação da época. E também eram feitos apelos para que os interessados aderissem à emissora como sócios, ajudando a mantê-la. Mas, como diz Renato Murce, "a constância não é uma virtude muito brasileira, depois de alguns meses, ninguém mais pagava".[2] E o rádio lutava com dificuldades, sem estrutura econômico-financeira que pudesse favorecer o seu desenvolvimento.

André Casquel Madrid salienta que, durante o decênio de 20, "a cultura popular não tinha acesso ao rádio, que não se caracterizava como entretenimento de massa", sendo "veículo de formas de diversão individualista, familiar ou particular, muito pouco extensivas". E esse quadro se evidencia "pelo pequeno número de emissoras instaladas, o pouco interesse da própria sociedade global, relativamente ao rádio".[3]

---

2. O rádio continua na onda. *Visão,* 22-3-1976, p. 81.
3. Madrid, André Casquel. *Aspectos da teleradiodifusão brasileira,* especificamente, pp. 32-39.

2. O RÁDIO COMERCIAL

A partir do início do decênio de 30, o rádio sofre transformação radical. Em 1931, quando surge o primeiro documento sobre radiodifusão, o rádio brasileiro já estava comprometido com os "reclames" — os anúncios daquele tempo — para garantir sua sobrevivência. A publicidade foi permitida por meio do Decreto n.º 21.111, de 1.º de março de 1932, que regulamentou o Decreto n.º 20.047, de maio de 1931, primeiro diploma legal sobre a radiodifusão, surgido nove anos após a implantação do rádio no país. As primeiras emissoras a entrar em operação, antes do Decreto n.º 20.047, obtiveram suas licenças com base na regulamentação da radiotelegrafia, o Regulamento para Serviços de Radiotelegrafia e Radiotelefonia, Decreto n.º 16.657, de 5 de novembro de 1924.[4] O Governo mostra, a partir dos anos 30, preocupar-se seriamente com o novo meio, que definia como "serviço de interesse nacional e de finalidade educativa", regulamentando o seu funcionamento e passando a imaginar maneiras de proporcionar-lhe bases econômicas mais sólidas, concretizadas pelo Decreto n.º 21.111, que autorizava a veiculação de propaganda pelo rádio, tendo limitado sua manifestação, inicialmente, a 10% da programação, posteriormente elevada para 20% e, atualmente, fixada em 25%.

A introdução de mensagens comerciais transfigura imediatamente o rádio: o que era "erudito", "educativo", "cultural" passa a transformar-se em "popular", voltado ao lazer e à diversão. O comércio e a indústria forçam os programadores a mudar de linha: para atingir o público, os "reclames" não podiam interromper concertos, mas passaram a pontilhar entre execuções de música popular, horários humorísticos e outras atrações que foram surgindo e passaram a dominar a programação.

Com o advento da publicidade, as emissoras trataram de se organizar como empresas para disputar o mercado. A competição teve, originalmente, três facetas: desenvolvimento técnico, *status* da emissora e sua popularidade. A preocupação "educativa" foi sendo deixada de lado e, em seu lugar, começaram a se impor os interesses mercantis.

As transformações surgidas no país a partir da Revolução de 1930, com o despontar de novas forças, como o comércio e a indústria, que precisavam colocar seus produtos no mercado interno, aliados a mudanças na própria estrutura administrativa federal, com a forte centralização do poder executivo engendrada por Getúlio

---

4. Lopes, Saint-Clair. *Comunicação — radiodifusão hoje*, p. 82.

Vargas, são o contexto que favorece a expansão da radiodifusão: o rádio mostra-se um meio extremamente eficaz para incentivar a introdução de estímulos ao consumo.

Os empresários começam a perceber que o rádio é muito mais eficiente para divulgar seus produtos do que os veículos impressos, inclusive devido ao grande número de analfabetos. Para o rádio surgem então novas funções, diretamente ligadas ao desenvolvimento político e econômico do país. "Vencidos os últimos obstáculos de ordem jurídica, o rádio colocaria a serviço da vida econômica nacional todas as suas potencialidades, consolidando-se, definitivamente, como veículo publicitário de múltiplos objetivos, de expressão popular e integração nacional." [5]

Com o rádio comercial incipiente, não tendo ainda uma estrutura burocrática organizada, os primeiros profissionais — chamados "programistas" — adquirem espaço nas estações, produzem programas e revendem intervalos para anunciantes. Faziam de tudo: contato, redação, produção e apresentação. À medida que o nível de improvisação diminuía, foram-se articulando as equipes. E, ao mesmo tempo, "o rádio passaria por um processo de reformulação estrutural, ampliando seus recursos, para poder atender às novas atribuições no processo da industrialização, da urbanização, da especialização e da tecnologia. Iria integrar-se em outros níveis da realidade nacional e passaria a responder às necessidades coletivas, como meio recreativo e informativo, manipulador da opinião".[6]

Para cumprir melhor o seu papel, o rádio não pode mais viver apenas da improvisação. Precisa mudar, para poder fazer face à nova situação. Estrutura-se como empresa, investe e passa a contratar artistas e produtores. Os programas são preparados com antecedência e a preocupação está voltada para conseguir cada vez maior audiência, popularizando-se, criando os primeiros ídolos populares. "A linguagem radiofônica, aos poucos, vai sendo aprendida. Mais coloquial, mais direta, de entendimento fácil, começa a invadir todas as emissões... Os programadores passam a ter horário certo e a programação, como um todo, é distribuída de modo racional no tempo." [7]

Com a publicidade como suporte da programação, o objetivo principal passa a ser o de alcançar grandes audiências, mercado para os produtos anunciados. Assim, "opera-se radical mudança na forma e no conteúdo dos programas, buscando-se uma linguagem eclética, de maior apelo às emoções, intimista, livre, comunicativa. Inicia-se a profissionalização na área da criatividade radiofônica...." [8]

---
5. Madrid, André Casquel. Op. cit., p. 39.
6. Ibid, p. 42.
7. Costella, Antonio. Comunicação — do grito ao satélite, p. 181.
8. Madrid, André Casquel. Op. cit., p. 42.

Logo no início desses anos 30, o rádio também já veiculava propaganda política e, em determinados episódios, como a Revolução Constitucionalista de 1932, em São Paulo, conclamou o povo em favor da causa política, com César Ladeira ganhando fama nacional como locutor oficial da Revolução, através da Rádio Record, que, aliás, foi pioneira em múltiplos sentidos. Primeira líder de audiência, introduziu a programação política, ao trazer os políticos aos seus microfones — para "palestras instrutivas", como dizia seu proprietário, Paulo Machado de Carvalho. Depois, organizaria a cadeia de emissoras paulistas na propaganda da Revolução Constitucionalista e, em 1934, torna-se agente da reviravolta que se operaria na programação das emissoras brasileiras logo a seguir.

A Record adotou um novo modelo de programação organizado por César Ladeira, introduzindo o *cast* profissional e exclusivo, com remuneração mensal. A partir daí, começa a corrida e as grandes emissoras contratam a "peso de ouro" astros populares e orquestras filarmônicas. E mesmo as emissoras de pequeno porte procuram também ter o seu pessoal fixo. Essa mudança aguçou — ou mesmo desencadeou — o espírito de concorrência entre as emissoras, inclusive as de outros Estados, que imitaram a programação lançada pela Record.

Em 1935, ocorrem dois fatos marcantes para o desenvolvimento da programação nas emissoras brasileiras. A Rádio Kosmos, de São Paulo, depois Rádio América, cria o primeiro auditório e, a partir daí, "vulgarizaram-se as transmissões com a participação do público, inclusive os programas de auditório".[9] Paralelamente, é inaugurada no Rio de Janeiro a Rádio Jornal do Brasil, que "estabeleceria uma sistemática de programas fundamentada na informação, dentro da conduta austera, que a norteia até os dias presentes".[10]

E o rádio brasileiro vai encontrando seu caminho, definindo sua linha de atuação e assumindo um papel cada vez mais importante na vida política e econômica do país. Getúlio Vargas foi o primeiro governante brasileiro a ver no rádio grande importância política. E passa a utilizá-lo dentro de um modelo autoritário.

Logo após a Revolução de 30, havia sido criado o Departamento Oficial de Propaganda — DOP, encarregado de uma seção de rádio que antecedeu a "Hora do Brasil". Em 1934, o DOP foi transformado em Departamento de Propaganda e Difusão Cultural, surgindo então "A Voz do Brasil". Posteriormente, o Decreto n.º 1.915, de 27 de dezembro de 1939, criava o Departamento de Imprensa e Propaganda — DIP, diretamente ligado à Presidência da República e

---
9. Costella, Antonio, *Op. cit.*, pp. 181-182.
10. Madrid, André Casquel. *Op. cit.*, p. 58.

que substituiu o Departamento de Propaganda e Difusão Cultural, "tendo a seu encargo a fiscalização e censura não só do conteúdo das programações radiofônicas, como as do cinema, teatro e jornais".[11] Depois, "A Voz do Brasil" passou a ser responsabilidade da Agência Nacional, atual Empresa Brasileira de Notícias — EBN.

Do ponto de vista econômico, o rádio passou a receber cada vez mais investimentos publicitários, que acabam fortalecendo um vasto ramo de atividades, o das agências publicitárias.

Nesse ambiente, surge um marco muito importante: é inaugurada a emissora que acabaria por tornar-se a maior lenda do rádio brasileiro. Às 21 horas do dia 12 de setembro de 1936, um gongo soou três vezes e, a seguir, a voz de Celso Guimarães anunciava: "Alô, Alô, Brasil! Está no ar a Rádio Nacional do Rio de Janeiro". Para André Casquel Madrid, o início de suas atividades representou o "fato que seria o marco da mais séria transformação ocorrida na radiodifusão brasileira, até o advento da televisão. A partir da Rádio Nacional do Rio de Janeiro, o rádio desenvolve-se organizado burocraticamente".[12] O conselho de administração da Rádio Nacional era formado por oito divisões especializadas, sob as ordens de um diretor geral — Vitor Costa —, que se esforçava na produção de programas que fossem capazes de atrair grande público. "A gigantesca organização valia-se de dez maestros, 124 músicos, 33 locutores, 55 radiatores, 39 radiatrizes, 52 cantores, 44 cantoras, 18 produtores, 13 repórteres, 24 redatores, quatro secretários de redação e cerca de 240 funcionários administrativos."[13] Contava com seis estúdios, um auditório de 500 lugares, operando com dois transmissores para ondas médias (25 e 50 kW), e dois para ondas curtas (cada um com 50 kW), conseguindo cobrir todo o território e até o exterior com seu sinal que chegava a atingir a América do Norte, a Europa e a África. À época, às portas do Estado Novo, o rádio já era fenômeno de massas e suas mensagens alcançavam a mais ampla divulgação.

Em 1940, o Governo decidiu que a Rádio Nacional "tinha que ser um instrumento de afirmação do regime", e "Getúlio Vargas decretou a encampação da empresa A Noite, à qual pertencia a emissora".[14] Miriam Goldfeder, que realizou um trabalho analisando a Rádio Nacional, procurando identificar "seu significado político-ideológico mais amplo, a partir da função ocupada por ela no

---

11. Federico, Maria Elvira B. *História da comunicação — rádio e tv no Brasil*, p. 63.
12. Madrid, André Casquel. *Op. cit.*, p. 58.
13. Costella, Antonio. *Op. cit.*, p. 182-183.
14. Miranda, Orlando. A era do rádio. In: *Nosso Século*, Abril Cultural, n.º 17, p. 72.

conjunto das práticas sociais do período", conclui que "as razões maiores de sua eficácia ultrapassariam, é evidente, o âmbito cultural propriamente dito, e poderiam ser localizadas no conjunto das relações sociais, econômicas e políticas que teriam permitido a ampla penetração de seu projeto. Cumpre-nos, portanto, compreender a Rádio Nacional no conjunto dos mecanismos de legitimação ideológica acionados direta ou indiretamente pelo sistema de dominação política, vale dizer, como prática cultural, com autonomia e atuação específicas, destinada, no entanto, em última instância, a reiterar o quadro geral dos valores dominantes no período. Esta emissora deveria atuar como um mecanismo de *controle social*, destinado a manter as expectativas sociais dentro dos limites compatíveis com o sistema como um todo".[15]

O decênio de 30 foi importante para que o rádio se definisse em seus caminhos e encontrasse o seu rumo na fase seguinte, acompanhando e auxiliando o desenvolvimento nacional como um todo. "O impacto do rádio sobre a sociedade brasileira a partir de meados da década de 30 foi muito mais profundo do que aquele que a televisão viria a produzir trinta anos depois. De certa forma, o jornalismo impresso, ainda erudito, tinha apenas relativa eficácia (a grande maioria da população nacional era analfabeta). O rádio comercial e a popularização do veículo implicaram a criação de um elo entre o indivíduo e a coletividade, mostrando-se capaz não apenas de vender produtos e ditar 'modas', como também de mobilizar massas, levando-as a uma participação ativa na vida nacional. Os progressos da industrialização ampliavam o mercado consumidor, criando as condições para a padronização de gostos, crenças e valores. As classes médias urbanas (principal público ouvinte do rádio) passariam a se considerar parte integrante do universo simbólico representado pela nação. Pelo rádio, o indivíduo encontra a nação, de forma idílica: não a nação ela própria, mas a imagem que dela se está formando." [16]

E assim preparado, o rádio entra nos anos 40, a chamada "época de ouro do rádio brasileiro". Cada vez mais as emissoras começam a sentir a concorrência existente entre elas. "Como a única maneira de atrair o anúncio é garantir-lhe maior penetração, inicia-se uma guerra pela conquista de públicos sempre maiores. Na ânsia de angariar ouvintes, inclusive os numerosíssimos analfabetos, a programação de certas emissoras vai-se popularizando, a exemplo da Rádio Nacional. Boa parte dessas programações então, mais do que ao popular, descem ao popularesco e ao baixo nível." [17]

---
15. Goldfeder, Miriam. *Por trás das ondas da Rádio Nacional*, p. 40 (grifo do autor).
16. Miranda, Orlando. *Op. cit.*, p. 72.
17. Costella, Antonio. *Op. cit.*, p. 183.

É a guerra pela audiência, com as emissoras concorrendo entre si para garantir o faturamento. Cada uma delas procura mostrar maior popularidade, fator importante para que os anunciantes se decidissem pelo investimento de suas verbas. E também a concorrência entre o rádio e os veículos impressos começa a ser discutida.

O clima é propício para que o Ibope — Instituto Brasileiro de Opinião Pública e Estatística — inicie suas atividades. Fundado a 13 de maio de 1942, suas pesquisas iniciais eram bastante simplificadas. Com o passar dos anos, foram sendo sofisticadas. Hoje, o Ibope possui uma equipe de 1.200 entrevistadores e um computador de última geração, utilizado para fazer os relatórios que são vendidos aos seus clientes.

Com o acirramento da disputa pelas verbas, não só entre as emissoras mas também com relação a outros meios, muitas vezes os resultados apresentados pelo Ibope foram postos em dúvida. Outras entidades de pesquisa de audiência foram surgindo, normalmente ligadas às grandes agências de publicidade, interessadas no bom encaminhamento das verbas de seus clientes.

O decênio de 40 vê o surgimento da primeira radionovela — em 1942, ia ao ar pela Rádio Nacional do Rio de Janeiro, "Em Busca da Felicidade". O gênero prolifera rapidamente, fazendo parte da programação da maioria das emissoras da época e dos anos seguintes. Em 1945, só a própria Rádio Nacional transmitia 14 novelas diariamente.

Algumas emissoras começam a especializar-se em determinados campos de atividade. A Rádio Panamericana, de São Paulo, a partir de 1947, transforma-se na "Emissora dos Esportes", conseguindo liderança de audiência e introduzindo muitas inovações nas transmissões esportivas. É também a fase em que o radiojornalismo começa a surgir como atividade mais estruturada, com o lançamento de alguns jornais que marcaram definitivamente o gênero. Entre eles, merecem destaque o "Repórter Esso", o "Grande Jornal Falado Tupi" e o "Matutino Tupi".

"Em 1941, por necessidade imperiosa de nos colocarmos a par da II Guerra Mundial, surgiu o 'Repórter Esso', exatamente às 12h45m do dia 28 de agosto, na Rádio Nacional do Rio de Janeiro, precedido do prefixo que se tornaria célebre, composto de fanfarras e clarins, de autoria do Maestro Carioca." [18] Com seu *slogan* de "Testemunha ocular da história", o Repórter Esso, durante os 27 anos em que esteve no ar, deu em primeira mão as principais notícias do Brasil e do mundo. A voz grave e modulada de Heron Domingues,

---

18. Sampaio, Walter. *Op. cit.*, p. 20.

locutor exclusivo do Repórter Esso durante 18 anos, tornou-se popular em todo o Brasil. Preparado pela UPI — United Press International, seguia as normas rígidas e funcionais dos noticiários radiofônicos norte-americanos. Aos poucos, várias emissoras brasileiras passaram também a transmitir o "Repórter Esso", que foi extinto no dia 31 de dezembro de 1968.[19] Pontual, muita gente costumava acertar o relógio ao ouvir sua característica. "O 'Repórter Esso' constituiu uma revolução e uma semente benfazeja, que logo frutificou no rádio brasileiro." [20]

Em 1942, a Rádio Tupi de São Paulo também começa a sua tradição jornalística, colocando no ar o "Grande Jornal Falado Tupi", criado por Coripheu de Azevedo Marques e Armando Bertoni, com uma hora de duração diária. O "Repórter Esso" e o "Grande Jornal Falado Tupi" foram marcos importantes para que o radiojornalismo brasileiro fosse encontrando sua definição, os caminhos de uma linguagem própria para o meio, deixando de ser apenas a "leitura ao microfone" das notícias dos jornais impressos.

No horário da manhã, o "Matutino Tupi", também criado por Coripheu de Azevedo Marques, cuja primeira edição foi ao ar a 3 de abril de 1946, é outro marco importante. Foram 10.287 edições, a última a 31 de janeiro de 1977.

3. OS NOVOS RUMOS

A "época de ouro" do rádio termina, coincidentemente, com o surgimento no Brasil de um novo meio: a televisão. Quando surge, ela vai buscar no rádio seus primeiros profissionais, imita seus quadros e carrega com ela a publicidade. Para enfrentar a concorrência com a televisão, o rádio precisava procurar uma nova linguagem, mais econômica.

Aos poucos, ele vai encontrando novos rumos. No início, foi reduzido à fase do vitrolão: muita música e poucos programas produzidos. Como o faturamento era menor, as emissoras passaram a investir menos, tanto em produção quanto em equipamento e pessoal técnico e artístico. O rádio aprendeu a trocar os astros e estrelas por discos e fitas gravadas, as novelas pelas notícias e as brincadeiras de auditório pelos serviços de utilidade pública. Foi se encaminhando no sentido de atender às necessidades regionais, principalmente ao nível da informação. Começa a acentuar-se a especialização das emissoras, procurando cada uma delas um público

---

19. E atenção: acabou o Repórter Esso. *Veja,* 8-1-1969, p. 57.
20. Sampaio, Walter. *Op. cit.,* p. 22.

específico. Já não era mais possível manter produções tão caras quanto as do período anterior: a especialização vai se acentuando cada vez mais, principalmente nas grandes cidades. As emissoras situadas nas cidades de menor porte não puderam acompanhar essa tendência e tiveram que continuar mantendo o "trivial variado".

O radiojornalismo ganha grande impulso. Um novo tipo de programação noticiosa foi lançado pela Rádio Bandeirantes, de São Paulo, em 1954, mostrando-se revolucionário e influenciando a programação das outras emissoras. A Bandeirantes, "fez-se pioneira no sistema intensivo de noticiário... em que as notícias com um minuto de duração entravam a cada quinze minutos e, nas horas cheias, em boletins de três minutos".[21]

Mas é na área da eletrônica que o rádio encontra seu mais forte aliado, que vai permitir que ele explore plenamente seu potencial: o transistor começa a revolucionar o mercado.

Esse componente eletrônico foi apresentado ao mundo em 23 de dezembro de 1947, pelos cientistas norte-americanos John Bardeen, Walter Brattain e William Schockley, que receberam o Prêmio Nobel de Física em 1956.

Das produções caras, com multidões de contratados, o rádio parte agora para uma comunicação ágil, noticiosa e de serviços. Aliado a outros avanços tecnológicos, o transistor deu ao rádio sua principal arma de faturamento: é possível ouvir rádio a qualquer hora e em qualquer lugar, não precisando mais ligá-lo às tomadas. Já no final do decênio, em 1959, o rádio brasileiro está em condições de acelerar sua corrida para um radiojornalismo mais atuante, ao vivo, permitindo que reportagens fossem transmitidas diretamente da rua e entrevistas realizadas fora dos estúdios. "Com os aperfeiçoamentos verificados na parte eletrônica das estações móveis — carros com transmissores volantes — em muito se reduziu o volume e o peso dos equipamentos técnicos, com sensível melhora, também, na qualidade da transmisão." [22] As emissoras de maior porte passam a utilizar cada vez mais acentuadamente as unidades móveis, agilizando a transmissão da informação.

Outro passo para que o rádio tentasse deixar de perder terreno para a televisão, também foi dado em 1959. A Rádio Jornal do Brasil, do Rio de Janeiro, lança um tipo de programa que seria depois adotado pelas emissoras de todo o país: os serviços de utilidade pública. A inovação foi introduzida pelo jornalista Reinaldo

---

21. *Ibid.,* p. 22.
22. Vampré, Octávio Augusto. *Raízes e evolução do rádio e da televisão,* p. 132.

Jardim, que teve como objetivo restabelecer o diálogo com os ouvintes. Inicialmente, o Serviço de Utilidade Pública surgiu nas rádios divulgando notas de "achados & perdidos". Posteriormente, os serviços vão se ampliando, chegando a criar setores exclusivos dentro das emissoras. Nessa mesma linha, a Rádio Panamericana, de São Paulo, instalou um serviço particular de meteorologia. Outras emissoras dão as condições das estradas, ofertas de emprego etc.

Na mesma época, a Rádio Tamoio, também no Rio de Janeiro, procurava outra alternativa para as rádios: introduz o esquema de "música exclusivamente música", planejado por José Mauro. Estas duas alternativas passam a caracterizar a programação radiofônica nos anos 60.

A tendência à programação musical torna-se cada vez mais acentuada dentro de determinado tipo de emissoras, que alcança inclusive grande sucesso comercial. A Rádio Excelsior, de São Paulo, lança sua *new face* em 1968 e durante muitos anos permanece como emissora exclusivamente musical.

Ainda no decênio de 60, começam a operar as primeiras emissoras em FM — freqüência modulada. Inicialmente fornecem "música ambiente" para assinantes interessados em ter um *background* que parecesse apropriado ao tipo de ambiente, "desde melodias suaves para hospitais e residências até música alegre e estimulante para indústrias e escritórios".[23] Nos últimos anos, as emissoras FM têm sido as responsáveis por uma ebulição no meio que o rádio não conhecia desde o surgimento da televisão, no início dos anos 50.

A primeira emissora brasileira a explorar esse serviço foi a Rádio Imprensa, do Rio de Janeiro. Posteriormente, já no decênio de 70, esse tipo de transmissão utilizaria canais abertos, surgindo um número bastante elevado de emissoras operando em FM, todas voltadas para a programação exclusivamente musical. A primeira emissora a operar exclusivamente nas ondas da freqüência modulada foi a Rádio Difusora de São Paulo — FM. Mas há os que contestam a primazia da Difusora nesse setor, uma vez que a Rádio Eldorado de São Paulo, quando foi fundada, em 1958, transmitia em ondas médias e "por questão de prestígio usava também a FM para transmitir só música, fora da faixa comercial".[24]

Um outro grupo de emissoras começa a dar ênfase à programação mais "falada", que buscava reencontrar o diálogo com o público. Surgem programas de troca de informações, como o "Show da

---

23. Vende-se música a domicílio e ao gosto do freguês. *Veja*, 22-1-1969, p. 65.
24. A rádio dos ricos. *Veja*, 9-12-1970, pp. 84-85.

Manhã", na Rádio Panamericana, de São Paulo, onde o locutor Kalil Filho montou uma verdadeira rede de troca de informações, que iam desde receitas culinárias a fontes de pesquisa para trabalhos escolares. A mesma Panamericana cria, em 1967, uma equipe de jornalismo bem estruturada, que faz com que a imagem da própria emissora mude, de esportiva, para jornalística e de prestação de serviços. A reportagem de rua é intensificada, e a informação passa a estar presente não mais em horários fixos, mas no momento em que o fato acontece, a qualquer hora do dia ou da noite.

Em 12 de maio de 1969 é criada a Rádio Mulher, de São Paulo, a primeira emissora brasileira a se especializar exclusivamente em assuntos femininos, fundamentada em moldes norte-americanos e europeus. A base de sua programação eram assuntos como moda, horóscopo, música romântica, consultórios etc.

A partir de meados de 70, começa a transformação para que o rádio conseguisse sair definitivamente do marasmo em que caiu a partir dos anos 50. A tendência à especialização mostrou-se cada vez maior. As emissoras passaram a identificar-se com determinadas faixas sócio-econômico-culturais, procurando dirigir-se a elas e buscando sua linguagem nos próprios padrões das classes que desejavam atingir.

Com o aumento da potência das emissoras pequenas e a criação de muitas novas, surge uma segunda etapa no processo de especialização: as grandes emissoras tentam ganhar os diversos segmentos de público, mantendo programas que atinjam diferentes faixas, em diferentes horários.

As emissoras voltadas para a informação ampliaram ainda mais seus serviços, intensificando o uso das unidades móveis de transmissão, com participação cada vez maior do repórter ao vivo, dizendo onde está, o horário, improvisando suas falas. Em 1980, a Rádio Jornal do Brasil, do Rio de Janeiro, parte para uma programação baseada na dinâmica dos fatos, com informação ao vivo, aproximando-se da rádio *all news* nos moldes norte-americanos, em que as notícias constituem o "prato de resistência".

O Governo mostra sua preocupação em relação à expansão e ao conteúdo da radiodifusão sonora, criando, em 1976, a Radiobrás — Empresa Brasileira de Radiodifusão. Pela lei que a instituiu, a Radiobrás tem como finalidades básicas: organizar emissoras, operá-las e explorar os serviços de radiodifusão do Governo Federal; montar e operar sua própria rede de repetição e retransmissão de radiodifusão, explorando os respectivos serviços; realizar a difusão de programação educativa, produzida pelo órgão federal próprio, bem como produzir e difundir programação informativa e de recreação; promover e estimular a formação e o treinamento de pessoal especializado, necessário às atividades de radiodifusão e prestar serviços especializados no campo da radiodifusão. Atualmente, o Sistema Radiobrás é formado por 38 emissoras de rádio e uma de televisão, atendendo a duas prioridades em suas transmissões: a região Amazônica e o serviço internacional. A Rádio Nacional de Brasília transmite para o exterior noticiário sobre o Brasil em inglês, alemão, castelhano, francês e português.

No final do decênio de 70, algumas emissoras de São Paulo sentiram a necessidade de se unir para melhor poderem agir no sentido de expandir o meio. Assim, com a finalidade de defender os interesses de suas associadas, foi fundada a 18-7-1980 a Sociedade Central de Rádio. Entre os objetivos da entidade estão o fortalecimento da imagem do rádio, melhor comunicação com o mercado, mudança na metodologia de pesquisa de audiência, centralização das informações sobre o meio e a procura da valorização comercial.

Uma outra inovação nascida nos anos 70 foram as agências de produção radiofônica, que produzem programas com artistas famosos e assuntos de interesse do momento, vendendo as gravações para emissoras de menor porte, que não têm condições de realizar produções desse tipo. É o caso do Studio Free, que atinge mais de 400 emissoras em todo o território nacional. Mediante contrato remunerado com as emissoras, o Studio fornece a programação e também o patrocinador, com "o objetivo de levar às pequenas emissoras uma programação atualizada, com cast sem ultrajar as características locais de cada rádio".[25]

Outro exemplo é a Rede L&C de Rádio. Fundada em 1969, mas apresentada como rede apenas em 1982, é considerada pioneira na produção de programação integrada, atendendo a cerca de 80 emissoras (AM e FM). Em agosto de 1983, a L&C lançou o primeiro Jornal Nacional de Rádio, transmitido por 60 emissoras implantadas em 16 Estados, via Embratel. Para Luís Casali, um dos proprietários da L&C, "a rede vende um comercial dentro de uma programação que o anunciante já conhece, dando-lhe maior segurança e credibilidade".[26]

Uma série de recentes aperfeiçoamentos tecnológicos têm permitido que o rádio consiga cada vez melhores condições de transmissão, ressaltando sua potencialidade como meio.

---

25. Depoimento de Walter Guerreiro, proprietário do Studio Free. In: 60 anos de rádio, *Revista Propaganda*, janeiro 1983, p. 62.
26. Luís & Carlos, pesquisa e programação em rede. *Jornal da Aesp*, outubro 1982, p. 3.

Nos últimos dias de 1982, a Rádio Jornal do Brasil FM, do Rio de Janeiro, tornava-se a pioneira na utilização do *compact disc audio digital,* ou seja, o disco digital com leitura a laser. A partir de 11 de abril de 1983, também a Rádio Cidade, do mesmo grupo, passava a usar o sistema.[27] E, a 12 de março de 1984, era a vez da Rádio Cultura FM, de São Paulo.[28] Entre as vantagens do *compact disc audio digital* estão o registro de todas as freqüências sonoras, a separação mais nítida dos canais de estéreo, a diminuição da distorção, ao mesmo tempo que não há desgaste, qualquer que seja o número de vezes que o disco é executado: a reprodução do som é feita mediante leitura ótica, a raio laser.

Outra renovação tecnológica é a possibilidade de transmissão por ondas médias com som estéreo, o AM estéreo. Nos Estados Unidos estão sendo realizadas algumas experiências e, aqui no Brasil, já há emissoras interessadas na implantação do AM estéreo, que permitiria oferecer um som de melhor qualidade, equiparável ao das FM.

E, embora ainda pouco utilizados pelo rádio em transmissões nacionais ou internacionais, os sistemas de comunicação por satélite são uma realidade, agilizando o processo e possibilitando a concretização das grandes redes de emissoras com programação unificada e simultânea.

Nesse rápido histórico do desenvolvimento do rádio no Brasil, deixamos de falar de um assunto muito importante: o jornalismo esportivo. A omissão está ligada à própria inexistência de material bibliográfico a respeito. São encontradas algumas citações esporádicas, mas até hoje ainda não foi feito um trabalho que mostre a participação do esporte no desenvolvimento do jornalismo radiofônico e do próprio meio na procura de sua linguagem.

O rádio esportivo sempre foi muito participante, muito vibrante, gerando polêmicas, um dos setores mais opinativos de toda a programação.

As transmissões esportivas desde o início se caracterizaram por apresentar um jornalismo de natureza "substantiva" em seu grau máximo, com a "recriação" do fato para o ouvinte com toda a emocionalidade que as palavras podem conseguir. A criação de "imagens mentais" é tão poderosa, a ponto de ser muito mais emocionante ouvir uma partida pelo rádio do que assisti-la no próprio estádio. O torcedor vai ao estádio, mas leva seu "radinho" para saber

---

27. O som de vanguarda do sistema JB agora na era do laser. *Jornal do Brasil,* 17-4-1983.
28. Cultura transmite com laser. *Folha de São Paulo,* 29-2-1984.

o que está acontecendo... Ou assiste à imagem na televisão, ouvindo a narração do rádio. A presença do "repórter de campo", acompanhando todos os movimentos — e até, pretensamente, os "pensamentos" — das equipes durante a disputa, é também uma conquista do rádio esportivo, informando e prestando serviço.

Com relação ao aspecto tecnológico, a presença do esporte também foi importante. Os problemas técnicos precisavam ser resolvidos e as soluções encontradas eram aplicadas a outras situações. A formação de redes — cadeias de emissoras — muito deveu às transmissões de eventos esportivos.

Nicolau Tuma é considerado o pioneiro entre os locutores esportivos. Narrou a primeira partida de futebol que o rádio transmitiu: 10 de fevereiro de 1932. Já em 1938, outro locutor brasileiro — Gagliano Neto — transmitia, diretamente da França, os jogos da Copa do Mundo.

A partir de 1947, a Rádio Panamericana começa a se especializar e pouco tempo depois se transformou na "Emissora dos Esportes", alcançando liderança de audiência. Nos anos 50, em São Paulo, a disputa — no campo das transmissões esportivas — era entre a Panamericana e a Bandeirantes, com sucessiva alternância na preferência popular.

Por outro lado, nos últimos anos, a iminência da realização das Copas do Mundo tem aumentado a rivalidade entre as emissoras, que investem não só em equipamentos para melhor levar os fatos até o público, como também em profissionais, alguns dos quais passam a ser disputados a "peso de ouro". E o próprio rádio esportivo tem-se organizado: o que antes era feito totalmente de improviso, hoje em dia já está sendo planejado. Efeitos sonoros especiais para situações específicas durante a transmissão, pautas com assuntos a serem abordados etc.

E não foi apenas com relação ao futebol que as transmissões esportivas se desenvolveram. Já nos anos 30, o rádio transmitia competições automobilísticas, como as que eram realizadas no "Circuito da Gávea", no Rio de Janeiro e, mais tarde, corridas internacionais. O boxe também já teve presença marcante no rádio esportivo.

As transmissões esportivas e sua contribuição para o desenvolvimento do jornalismo radiofônico e do próprio rádio seriam assunto para um trabalho específico, aliás de muita oportunidade em função da ausência de pesquisas nesse campo e do progressivo desaparecimento dos profissionais que "viveram" — e criaram — o rádio esportivo e que constituem, praticamente os únicos "arquivos" existentes.

4. TENDÊNCIA ATUAL

Pelo breve histórico do desenvolvimento do rádio no Brasil, podemos verificar que o processo segue paralelo ao do próprio desenvolvimento do país. O rádio de caráter nacional, com a programação de uma única emissora atingindo diretamente todo o território, deixou de ter razão de existir, voltando-se mais para os aspectos regionais, ligado à comunidade em que atua. A rigor, podemos considerar que nunca o rádio brasileiro chegou a ter características realmente nacionais, com exceção de umas poucas emissoras, como a Rádio Nacional do Rio de Janeiro.

Hoje em dia, a interligação se faz através de emissoras regionais, "num intercâmbio de informações que se processa no ar, em sistema de integração instantânea", como diz André Casquel Madrid, que continua: "A nova modalidade estabelece uma rede de notícias, que possibilita às audiências... o contato imediato com a realidade nacional, a visão do universo de fatos que se desenrolaram nas principais regiões do País, o conhecimento dos problemas de cada Estado da União. O rádio, através da informação, presta um novo serviço de Unidade Nacional".[29]

De maneira geral, há uma forte dependência aos centros de desenvolvimento do sistema econômico vigente no país, uma vez que o rádio — falando só das emissoras comerciais — vive exclusivamente do faturamento originado pela publicidade. "Assim, ele cresceu quando a publicidade precisou dele, definhou quando ela pôde lançar mão de outros meios e agora recupera-se porque o sistema mercantil pressente que o seu uso volta a ser importante para alcançar maior mercado consumidor. O que tem regido, portanto, a expansão do rádio não são os interesses e necessidades da população, mas a ganância comercial, o que explica a alienação de seu conteúdo sobre os problemas imediatos." [30]

A. *Especialização das emissoras*

Dentro da tendência cada vez mais marcante de especialização das emissoras, podemos identificar duas correntes:

a) emissoras que se especializam, como um todo, em oferecer programação para uma faixa determinada de público, dando opção aos anunciantes cujos produtos possam interessar aquele público;

---
29. Madrid, André Casquel. *Op. cit.,* pp. 62-63.
30. Motta, Luiz Gonzaga. O rádio no Brasil: alienação ou consciência crítica. In: *Cadernos de Comunicação Abepec,* Ano I, n.º 2, 1979, p. 23.

b) emissoras especializando diferentes horários de sua programação para diferentes faixas, visando a atingir o maior público possível, ou seja, oferecendo opções para todo tipo de anunciante.

A especialização, que de certa forma sempre existiu, uma vez que é impossível cobrir bem todos os campos de atividade, apenas se acentuou, principalmente a partir da implantação e do desenvolvimento das emissoras FM, acabando por mostrar-se uma fórmula eficaz para que o rádio pudesse encontrar outra vez o caminho da expansão. "Definindo seus próprios caminhos, o rádio brasileiro distanciou-se do fausto, aproximando-se de um ideário muito simples: mais faturamento com menos gasto." [31]

A especialização para garantir a sobrevivência não foi o caminho encontrado apenas pelo rádio, mas, no entender do sociólogo Gabriel Cohn, de todos os meios que compõem a chamada "indústria cultural", ou seja, "o conjunto articulado de todos os meios de comunicação; é o conjunto de todas as grandes empresas, incluindo rádio, TV, disco, livro, revista etc." [32] E a especialização acabou ocorrendo pela necessidade de atender ao mercado, onde existem diversas faixas sócio-econômicas que precisam ser exploradas adequadamente.

A procura de campo para se expandir, por meio da especialização, acabou por estabelecer duas tendências nítidas no rádio de hoje em dia. Artur da Távola as chama de "Rádio de Alta Estimulação" e "Rádio de Baixa Estimulação" e assim as caracteriza: [33]

Rádio de Alta Estimulação	Rádio de Baixa Estimulação
1. é mobilizador	1. desmobilizante; é um rádio de lazer
2. uso de estímulos sonoros permanentes	2. baixo uso de estímulos sonoros, pois opera justamente sobre quem quer se desligar da intensa participação na sociedade moderna
3. caráter de urgência: aqui e agora, o fato e a notícia	3. é menos urgente

---

31. O rádio continua na onda. *Visão*, 22-3-1976, pp. 78-79.
32. Cohn, Gabriel. In: Vieira, Isabel. Rádio — ele nunca esteve tão vivo. *Singular & Plural*, n.º 5, abril 1979, p. 62.
33. Távola, Artur da. Um veículo forte à espera de programas criativos. In: *Cadernos de Jornalismo*. 2.ª ed., Sindicato dos Jornalistas Profissionais de Porto Alegre, n.º 1, s/d., p. 16.

Rádio de Alta Estimulação	Rádio de Baixa Estimulação
4. muito serviço e esporte	4. pouca atividade de serviço
5. proximidade da comunidade	5. uso de uma fala ainda elaborada e distante do colóquio
6. comunicadores individualizados (em geral disc-jóqueis famosos)	6. comunicadores não individualizados; raramente se conhece o nome e a vida de seus locutores
7. tem elenco e produtores	7. radiojornalismo generalizante com notícias em forma de pequenas manchetes
8. humor e descontração	8. quase nunca personaliza seu ouvinte, salvo em escolhas de discos em moda por telefone
9. sempre que pode, personaliza o ouvinte	9. a participação vem através da música contemporânea e seus principais temas em voga
10. trabalha permanentemente com análises de audiência	10. promove uma sensação de *status* para seus ouvintes
11. estimula o sentimento de solidariedade e participação nos principais acontecimentos da comunidade	11. seriedade e distanciamento
12. proximidade da cultura popular e de base brasileira	12. tende para a cultura de classe média e de base estrangeira

Essas tendências, também chamadas de *rádio de mobilização* e *rádio de relaxamento* (ou desmobilização), representam uma linha geral e demarcatória do rádio contemporâneo.

O *rádio de mobilização* procura tornar o ouvinte participante da transmissão, mantendo um ritmo sempre dinâmico. O jornalismo é incentivado e o critério da "proximidade" ganha destaque, com o noticiário tendendo para assuntos locais e para a prestação de serviços à comunidade.

No extremo oposto, está o *rádio de relaxamento,* "feito para desmobilizar quem já foi exageradamente mobilizado por um tipo de vida de muito trabalho, de muito *stress,* muito ruído, barulho e violência". O jornalismo, nesse caso, "é diminuído na sua ênfase", apresentando "notícias internacionais, notícias gerais".[34]

De maneira geral, o *rádio de mobilização* está voltado para a *fala*, enquanto o *rádio de relaxamento* tende para a *música*.

Artur da Távola acredita que, depois da tendência do rádio "extremamente cristalizado, tudo prontinho, tudo gravado, tudo feito de antemão", voltou a fase do rádio ao vivo, *"porque nada substitui o mistério do instantâneo, a pulsão do instante que passa.* O instante que passa está carregado de mistério; tudo pode acontecer no instante".[35] E, somente ao vivo, o rádio pode transmitir, o "instante que passa" no momento exato em que está passando.

B. *Formação de redes*

A formação de redes nacionais, com dezenas — ou até centenas — de emissoras regionais transmitindo uma programação unificada para os mais diversos pontos do país, é uma realidade cada vez mais presente.

O objetivo principal dessa nova tendência está ligado unicamente a fatores econômicos: fortalecer o rádio como alternativa publicitária, procurando obter maior lucratividade com menor investimento. As emissoras que fazem parte de uma rede, recebem, ao mesmo tempo, programação e patrocinador.

As produtoras radiofônicas — como as já citadas Studio Free e L&C —, trabalham com uma estratégia totalmente voltada para o mercado publicitário. As agências e os anunciantes podem saber com antecedência a programação em que seus anúncios serão inseridos, definindo o tipo de público que pretendem atingir, com maior segurança quanto à veiculação dos comerciais uma vez que são gravados junto com a programação unificada. Assim, são oferecidas facilidades operacionais, sendo necessária uma única operação para que os anúncios sejam transmitidos por todas as emissoras filiadas à rede que foram programadas, com tabela de preços unificada.

A L&C, considerada a pioneira na produção de programação integrada, desenvolveu um sistema de atuação bastante sofisticado. A programação musical, as vinhetas e os comerciais, são gravados antecipadamente e o material é enviado por malotes do correio. Para atender aos pedidos musicais, foram criados personagens —

---

34. *Idem.* Algumas idéias sobre rádio. *O Globo*, 1-8-1983.
35. *Idem.* Sendo entrevistado sobre rádio. *O Globo*, 5-6-1982 (grifo do autor).

vozes masculinas ou femininas — que atendem pelo mesmo nome em todas as localidades. A programação nacional reserva espaços para a prestação de serviço e as entradas publicitárias locais.

Quanto ao jornalismo, as emissoras integradas na retransmissão do Jornal Nacional do Rádio — via Embratel —, têm espaço para veicularem notícias consideradas de "interesse nacional" e produzem seu noticiário local.

A Studio Free fornece programas "de acordo com a necessidade de cada público — desde a programação rural até o humorismo",[36] além de vinhetas, aberturas, prefixos, efeitos especiais etc.

De maneira geral, as produtoras radiofônicas oferecem às emissoras um aumento de audiência e conseqüente retorno financeiro, ao mesmo tempo em que prometem não alterar as criações locais.

Mas nem só as agências produtoras estão empenhadas na formação de redes transmitindo programação e publicidade unificadas. Também as emissoras, principalmente as pertencentes a um só grupo concessionário, têm se movimentado no sentido de estabelecer estratégias para a criação de redes de rádio, a exemplo do que aconteceu com a televisão. Basicamente, os objetivos são os mesmos: obter retorno financeiro máximo com investimento mínimo.

Vários são os exemplos que podem ser citados.[37] O Sistema Globo de Rádio é formado por 13 emissoras AM e cinco FM, atuando nos Estados do Rio de Janeiro, São Paulo, Minas Gerais, Pernambuco, Rio Grande do Sul e em Brasília. Não tem nem programação nem esquema comercial unificado, mas essa situação já começa a mudar. Duas são as linhas básicas na programação: a de serviço, em que se alternam informação, esporte e música, sob o comando de comunicadores locais, e a musical, com músicas e informação apresentadas por locutores. Na área comercial, apesar de não existir um esquema unificado, cada praça procura vender as demais e atende aos interessados na programação em toda a rede, o que pode ser realizado em uma só operação financeira.

A Divisão Rádio da RBS — Rede Brasil Sul de Comunicações —, tem 13 emissoras distribuídas pelo Rio Grande do Sul, Santa Catarina e Brasília. As cinco rádios AM não operam em rede. As oito FM, que formam a Rede Atlântica FM, mantém uma mesma linha básica, embora cada emissora possa montar sua programação dentro de um esquema de horários determinados. Os programas são levados ao ar ao vivo, com comunicadores locais, mas é possível

---

36. Rádio e sociedade. In: 60 anos de rádio, *Revista Propaganda*, janeiro 1983, p. 62.
37. Dados extraídos de "Panorama do rádio". In: 60 anos de rádio, *Revista Propaganda*, janeiro 1983, pp. 81-86.

haver programação em rede uma vez que os programas vão ao ar em horários simultâneos.

Formada por uma emissora AM, cinco FM próprias e uma FM afiliada, a Rede Manchete de Rádio opera no Rio de Janeiro, São Paulo, Bahia, Pernambuco, Alagoas e em Brasília. Existe uma administração central, um sistema comercial único e uma linha de programação padronizada para a rede FM. Apesar dessa linha padrão, cada emissora FM faz sua programação localmente, com seus próprios programadores e apresentadores e um esquema de jornalismo também específico de cada praça. No Rio de Janeiro funciona o grupo que estabelece a linha padrão e assessora todas as emissoras, incluindo operações administrativas, técnicas, comerciais e de programação.

A primeira rede brasileira de FM foi a Transamérica. Hoje, conta com 28 emissoras, em quatro modalidades: seis emissoras próprias (número máximo permitido pela legislação), 16 afiliadas que recebem programação e são comercializadas pela Rede, três afiliadas que apenas recebem programação e três afiliadas que são apenas comercializadas. Atinge os Estados de São Paulo, Rio de Janeiro, Pernambuco, Paraná, Bahia, Minas Gerais, Sergipe, Pará, Santa Catarina, Maranhão, Paraíba, Mato Grosso e Brasília. A programação é dividida em dois segmentos: um nacional, em rede, correspondendo a 50% do tempo, apresentando sucessos musicais e programas especiais; outro, local, feito por cada emissora, ocupando o restante do tempo.

Música, jornalismo e prestação de serviço é a linha básica de programação adotada pela Rede Capital de Comunicação, formada por oito emissoras AM e duas FM, operando em São Paulo, Rio de Janeiro, Minas Gerais, Paraná, Santa Catarina, Rio Grande do Sul, Acre e Brasília. A programação musical apresenta os principais sucessos e, no campo do jornalismo, as matérias são tratadas conforme a linguagem do público-alvo pretendido pela rede.

Os exemplos mostram que as redes de rádio estão sendo estruturadas, visando a melhor exploração das potencialidades comerciais do meio. E, com a possibilidade de emissão por satélite, as redes poderão ser cada vez mais ágeis, aumentando sua capacidade de transmitir programação unificada, ao mesmo tempo em que podem ampliar sua abrangência na conquista de novas emissoras.

A maior crítica que tem sido feita a essa tendência de formação de redes, divulgando os mesmos programas em diversas regiões do país, é a que diz respeito à questão da preservação das características culturais. Assim como aconteceu com a televisão, agora o rádio corre o risco de apresentar programas — inclusive os jornalísticos — desvinculados da realidade local, perdendo com isso a força da proximidade, da programação feita com base em hábitos e costumes específicos, com o linguajar da própria região. A programação homogeneizada passa a ganhar espaço, a criatividade local não tem como manifestar-se e o mercado de trabalho fica cada vez mais restrito.

C. *Rádios livres*

Se um dos caminhos do rádio atual é a concentração cada vez maior em sistemas de exploração comercial, buscando formas mais eficientes de comercialização para a obtenção do lucro e permitindo, ao mesmo tempo, que o monopólio de controle do Estado seja eficaz, no extremo oposto vamos encontrar as "rádios livres" ou "rádios piratas", que tentam quebrar esse monopólio estatal. Procurando abrir possibilidades para uma apropriação coletiva dos meios, apresentam uma mensagem alternativa cujo objetivo é atingir, não mais as grandes massas, mas as minorias e os grupos socialmente marginalizados.

As emissoras de rádio clandestinas existiram desde o início da radiodifusão. Mas, a partir dos anos 70, o fenômeno das rádios livres ganhou impulso político, associado a movimentos libertários, principalmente na Itália e na França. E proliferam as emissoras locais, muitas das quais transmitiam para um raio pouco maior do que um quarteirão.

Na Itália, onde o movimento atual começou, as rádios livres "tornaram-se verdadeiras rádios populares e abriram caminho para o posterior aparecimento dos canais de televisão livres".[38] Entretanto, "esmagadas entre a interferência lançada pelo monopólio e a apatia da maior parte da população, as rádios livres francesas jamais estiveram a ponto de se tornarem rádios populares, tiveram sempre que contentar-se com o seu papel menor de rádios piratas. Na realidade, falava-se muito destas rádios mas estas rádios falavam muito pouco".[39]

Em vários países a palavra escrita é relativamente livre, mas a liberdade de expressão da palavra falada — e da imagem —, tem esbarrado sistematicamente no monopólio da radiodifusão. Porém a problemática não se resume nisso. "O ponto mais importante para os animadores das rádios livres populares é aquele que permite ao conjunto dos meios técnicos e humanos estabelecer um verdadeiro sistema de *feedback* entre os ouvintes e a equipe que o rea-

---

38. Spindel, Arnaldo. Rádio — a crônica da palavra assassinada. In: *Singular & Plural*, n.º 5, abril 1979, p. 63.
39. *Ibid.*, p. 65.

liza."[40] E são diversos os tipos de problemas a serem enfrentados. "De um lado existe a questão da liquidação do monopólio, como condição inicial para o desenvolvimento das rádios livres e do outro a questão muito mais ampla do controle da publicidade comercial."[41]

No Brasil, o fenômeno das rádios livres só começou a ganhar impulso nesses anos 80, principalmente a partir da divulgação pela imprensa da proliferação de "rádios piratas" na cidade paulista de Sorocaba. Segundo algumas fontes, lá chegaram a existir em operação 42 emissoras clandestinas de FM durante o verão de 82. "Depois que as rádios livres tornaram-se conhecidas fora dos limites da cidade", o Dentel anunciou uma fiscalização rigorosa e "as 15 rádios que operavam até o início de março deste ano já não transmitem mais".[42] O medo maior dos responsáveis por essas transmissões é a penalidade prevista no art. 70 do Decreto-lei n.º 236 de 28 de fevereiro de 1967, que complementa e modifica o Código Brasileiro de Telecomunicações: "Constitui crime punível com a pena de detenção de 1 (um) a 2 (dois) anos, aumentada da metade se houver dano a terceiro, a instalação ou utilização de telecomunicações, sem a observância do disposto nesta Lei e nos regulamentos".

As rádios livres de Sorocaba não são um caso isolado no Brasil. Pequenos transmissores clandestinos têm sido localizados em diversas cidades. De maneira geral, por enquanto, as emissoras clandestinas brasileiras têm sido vistas como atividade de adolescentes procurando um meio próprio de expressão. "Com a chegada das férias escolares, os jovens resolveram canalizar seus conhecimentos para uma outra atividade: a pirataria aérea. Esquemas circulavam de mão em mão e as peças podiam ser compradas em qualquer loja especializada. Nessa época", referindo-se ao verão de 82, "com pouco mais de cinco mil cruzeiros, qualquer adolescente poderia ter a sua própria rádio".[43]

Algumas vozes têm se levantado reivindicando alterações no Código Brasileiro de Telecomunicações, de forma que seja permitida a existência de um espaço para emissoras alternativas, de pequeno alcance e que não explorem a publicidade comercial. E, se um dia o assunto chegar a ser discutido no Congresso Nacional, o alerta de um jovem animador das rádios livres não poderá deixar de ser levado em consideração: "É muito fácil montar um transmissor e o

---

40. Guattari, Félix. As rádios livres populares. In: *Singular & Plural*, n.º 5, abril 1979, p. 66.
41. *Ibid.*, p. 67.
42. Carvalho, Mário César. Rádios livres querem legalização. *Folha de São Paulo*, 4-4-1984.
43. *Idem*. Os jovens piratas do espaço. In: *Crítica da Informação*, n.º 6, fevereiro/março 1984, p. 22.

35

Dentel não tem condições de colocar uma perua rastreadora em cada cidade brasileira".[44]

Sem dúvida, a grande facilidade tecnológica para a montagem de um transmissor de FM, aliada à potencialidade do rádio como meio de expressão dos anseios e da criatividade individual, poderão colocar cada vez mais em xeque as normas legais hoje existentes, abrindo caminho para uma efetiva utilização desse novo tipo de exploração do rádio.

---

44. *Ibid.*, p. 23.

II.

SITUAÇÃO DA RADIODIFUSÃO

Entre os meios de comunicação de massa, o rádio é, sem dúvida, o mais popular e o de maior alcance público, não só no Brasil como também em todo o mundo. Os números fornecidos pela pesquisa realizada pela SSCB & Lintas, em 1979, comprovam a predominância do rádio em relação aos outros meios de comunicação de massa. "Para uma população de 119.600.000 habitantes, possui, o Brasil, 24.600.000 lares, dispostos em 3.950 cidades. O rádio cobre 95% da população urbana e 70% da rural. Esta última só é atingida também pela televisão (10%), não dispondo de revistas, jornais e cinemas. Do total de 24.600.000 residências, o rádio chega a 21.100.000 delas (14.800.000 nas cidades e 6.300.000 no campo). Existem 1.264 emissoras, sendo 1.050 em AM e 196 em FM. Em números absolutos, há 13.400.000 lares brasileiros com aparelhos de televisão nas zonas urbana e rural. Exclusivamente nas cidades, os números de exemplares/mês são: jornais, 127.000.000 e revistas, 20.500.000." [1]

Os dados apresentados pelas diversas fontes existentes não são coincidentes, mas mostram que o Brasil ocupa um lugar privilegiado dentro do panorama da radiodifusão sonora mundial, tanto com relação ao número de emissoras como de aparelhos receptores, de público e de verbas publicitárias.

O Brasil ocupa o segundo lugar no quadro mundial quanto ao número de emissoras instaladas, superado apenas pelos Estados Unidos, onde estão em atividade 9.421 estações.[2] Segundo dados

---
1. Estes dados, apesar de desatualizados, permitem uma comparação entre os diferentes meios. Foram extraídos de Erbolato, Mário L. A radiodifusão brasileira. In: *Comunicação e Sociedade*, n.º 4, outubro 1980, p. 134.
2. Segundo levantamento da FCC — Federal Communications Comission — datado de 30 de junho de 1980.

do Ministério das Comunicações, em julho de 1980, estavam em operação no Brasil 1.151 emissoras, transmitindo em ondas médias, freqüência modulada, ondas curtas e ondas tropicais.

Quanto ao número de aparelhos receptores, dados da Lintas para 1980/1981 demonstram a existência de 41.358.500, distribuídos em 20.134.700 residências, o que dá ao Brasil o 4.º lugar no panorama mundial.

A população atingida pelo rádio, acima de 15 anos de idade, chega a 61.750.000, o que coloca o Brasil em 3.º lugar.

Segundo a Sociedade Central de Rádio, a participação do meio no total das verbas publicitárias chega a 16%, o que lhe dá o 1.º lugar no mundo e, com relação ao total da verba investida, ele consegue a 5.ª colocação, tendo recebido 328.000.000 de dólares em 1979.

QUADRO I

QUADRO MUNDIAL Brasil — Rádio		
N.º de emissoras	1.151	2.º
N.º de aparelhos receptores	41.358.500	4.º
População coberta	61.750.000	3.º
Participação na verba	16%	1.º
Verba (1979)	US$ 328.000.000	5.º

1. EMISSORAS

Para se fazer uma avaliação do potencial da radiodifusão sonora no Brasil, o número de emissoras existentes e sua distribuição pelas diversas regiões do país fornece elementos significativos.

Estão instaladas 1.151 emissoras de radiodifusão sonora, o que representa 36% do total de canais disponíveis. Esse percentual sobe para 46% se acrescentarmos as 307 emissoras em fase de instalação. Além disso, existem 114 canais com editais de concorrência em aberto.[3]

---

3. Os dados com relação ao número de emissoras, tanto de rádio como de televisão, são os divulgados pelo Ministério das Comunicações em 1980.

QUADRO II

EMISSORAS DE RÁDIO NO BRASIL

Condição	AM	FM	OC	OT	Total N.A.	%
Instalados	880	152	35	84	1.151	36
Em instalação	149	134	4	20	307	10
Canais Disp. Privados	348	364	—	511	1.223	38
Governos	30	342	—	1	373	12
Editais em Aberto	63	49	—	2	114	4
Total	1.470	1.041	39	618	3.168	100

Fonte: Abert/Ministério das Comunicações — junho/80.
N.A.: números absolutos

O maior bloco de emissoras é o das AM (ondas médias): 880 emissoras no ar, 149 em instalação e 63 editais em aberto. Em seguida estão as emissoras FM (freqüência modulada), com 152 no ar, 134 em instalação e 49 editais em aberto.

Dos 50% representados pelos canais ainda disponíveis, 38% se destinam à exploração pelo sistema comercial e 12% pelo sistema estatal.

Com relação à distribuição das emissoras AM pelo território brasileiro, a situação é a seguinte:

QUADRO III

DISTRIBUIÇÃO DAS EMISSORAS DE RÁDIO PELO BRASIL
(Emissoras AM)

Regiões	Canais Ocupados		Canais Disponíveis		Total	
	N.A.	%	N.A.	%	N.A.	%
Norte	46	4	96	27	142	10
Nordeste	197	17	107	30	304	20
Sudeste	428	38	61	17	489	33
Sul	363	33	39	12	402	27
Centro-Oeste	92	8	50	14	142	10
Total	1.126 (*)	100	353 (**)	100	1.479	100

Fonte: Abert — Ministério das Comunicações — março/81.
(*) 911 "no ar"/132 "em instalação"/83 "edital em aberto".
(**) 323 "atividade privada"/30 "governo".

No que se refere aos canais AM disponíveis, nota-se uma preocupação do Governo em ampliar o número de emissoras no Norte e no Nordeste do país, com 57% deles destinando-se a essas regiões. Com relação aos canais em operação, o Norte e Nordeste somam 21% do total.

Se focalizarmos apenas os canais AM já ocupados, vamos encontrar a grande concentração nas regiões Sudeste (38%) e Sul (33%), perfazendo 71% do total das emissoras instaladas no Brasil. Em compensação, dos canais disponíveis, apenas 29% estão destinados a essas regiões.

QUADRO IV

DISTRIBUIÇÃO DAS EMISSORAS DE RÁDIO PELO BRASIL (Emissoras FM)						
Regiões	Canais Ocupados		Canais Disponíveis		Total	
	N.A.	%	N.A.	%	N.A.	%
Norte	9	3	40	6	49	5
Nordeste	47	13	202	30	249	24
Sudeste	198	54	255	38	453	43
Sul	89	24	137	20	226	22
Centro-Oeste	23	6	39	6	62	6
Total	366 (*)	100	673 (**)	100	1.039	100

Fonte: Abert/Ministério das Comunicações — março/81.
(*) 189 "no ar"/130 "em instalação"/47 "edital em aberto".
(**) 331 "atividade privada"/342 "governo".

Quanto aos canais FM já ocupados, a maior concentração se registra nas regiões Sudeste (56%) e Sul (24%), totalizando 80%. A disponibilidade, por sua vez, concentra-se nas regiões Sudeste (38%), Nordeste (29%) e Sul (21%).

A preocupação do Governo com os canais FM disponíveis fica evidente: 48% (em números absolutos, 342) se destinam à exploração estatal.

Com relação à televisão, em julho de 1980, o Brasil dispunha de 96 estações geradoras instaladas e 23 em fase de instalação.

QUADRO V

Regiões	EMISSORAS DE TELEVISÃO NO BRASIL (julho 1980)	
	Geradoras em VHF	
	instaladas	em fase de instalação
Norte	13	—
Nordeste	18	05
Sudeste	26	08
Sul	28	08
Centro-Oeste	11	02
TOTAL	96	23

Fonte: Abert — Associação Brasileira de Emissoras de Rádio e Televisão.

Quanto à distribuição de canais de televisão previstos no Plano Básico do Ministério das Comunicações, esta é a situação:

QUADRO VI

Regiões	DISTRIBUIÇÃO DAS EMISSORAS DE TELEVISÃO (julho 1980)			
	Canais			
	Disponíveis		Ocupados	Total do Plano
	Comerciais	Estatais		
Norte	84	13	15	112
Nordeste	187	90	25	302
Sudeste	139	64	36	239
Sul	114	51	37	202
Centro-Oeste	27	27	14	69
TOTAL	551	245	127	923

Fonte: Abert — Ass. Brasileira de Emissoras de Rádio e Televisão.

O quadro dos municípios com outorgas para serviços de radiodifusão é o seguinte: a região Sudeste possui 277 municípios com emissoras em AM, 83 com FM, 31 com ondas tropicais, cinco com ondas curtas e 17 emissoras geradoras de televisão; na região Sul, 242 municípios têm emissoras AM, 32 em FM, dois em ondas tropicais, quatro em ondas curtas e 25 com estações de televisão; o Nordeste tem 105 municípios com emissoras em AM, 16 em FM, 21 em ondas tropicais, quatro em ondas curtas e nove estações de televisão; o Centro-Oeste possui 51 municípios com emissoras operando em AM, nove em FM, 12 em ondas tropicais, dois com emissoras em ondas curtas e seis com geradoras de televisão; na região Norte, 22 municípios têm emissoras AM, quatro em FM, 16 em ondas tropicais, um com emissora em ondas curtas e sete com estações geradoras de televisão.

2. APARELHOS RECEPTORES

O Brasil ocupa o 4.º lugar no mercado mundial de aparelhos receptores de rádio, que está assim constituído:

QUADRO VII

MAIORES MERCADOS DE APARELHOS (1979)	
	(milhões)
Estados Unidos	444.0
Japão	98.8
Reino Unido	50.6
Brasil	41.5
França	34.0

Fonte: Sociedade Central de Rádio.

Dos 41.358.500 aparelhos receptores detectados pelos resultados da pesquisa da Lintas, 71% estão concentrados na área urbana e 29%, na área rural. O rádio está presente em 20.134.700 domicílios, havendo uma estimativa da existência de 2,3 aparelhos receptores por residência.

MUNICÍPIOS COM OUTORGAS DE SERVIÇOS DE RADIODIFUSÃO

Dezembro 1979

Fonte: Abert — Associação Brasileira de Emissoras de Rádio e Televisão.

QUADRO VIII

APARELHOS DE RÁDIO — 1980/81		
Total	41.358.500	100%
Área urbana	29.364.500	71%
Área rural	11.994.000	29%
Domicílio com rádio	20.134.700	
Posse de rádio		89%
N.º médio de aparelhos por domicílio (*)		2.3

Fonte: Lintas.
(*) Estimativa Marplan/Lintas (8 capitais).

A maior concentração de aparelhos receptores está situada na região Sudeste (49%), seguida pela região Nordeste (25%). As regiões Norte e Centro-Oeste totalizam apenas 10% dos aparelhos receptores existentes no Brasil.

QUADRO IX

DISTRIBUIÇÃO DE DOMICÍLIOS COM RÁDIO POR REGIÃO			
Região	Urbanos - %	Rurais - %	Total - %
Norte	3	4	4
Nordeste	18	38	25
Sudeste	61	24	49
Sul	14	26	16
Centro-Oeste	4	8	6

Fonte: Cobertura de Rádio — Lintas 80/81.

Os resultados do Censo de 1980, realizado pelo IBGE — Instituto Brasileiro de Geografia e Estatística —, mostram que 75,75% dos domicílios brasileiros possuem receptores de rádio e que a televisão está presente em 54,91% deles. No total, foram registrados 26.436.516 domicílios, dos quais, 18.213.575 concentrados nas regiões urbanas. Em 1970, o rádio atingia 58,91% do total de domicílios então existentes, e a televisão, apenas 24,11%.

Em 1970, o índice de domicílios com aparelhos receptores de rádio era de 58,91% do total, sendo que para a região urbana a porcentagem chegava a 71,62 e, para a rural, a 28,38. Em 1980, o índice de domicílios com rádio subiu para 75,75% no total, ficando em 72,08% na região urbana e em 27,92% na rural. O índice total elevou-se em 16,84%, mas a distribuição entre as regiões urbanas e rurais não acusou grandes alterações.

QUADRO X

DOMICÍLIOS COM RÁDIO				
	1970	%	1980 *	%
Total	10.386.763	58,91	20.027.948	75,75
urbanos	7.439.481	71,62	14.435.219	72,08
rurais	2.947.282	28,38	5.592.729	27,92

Fonte: IBGE — Instituto Brasileiro de Geografia e Estatística.
(*) Dados preliminares

O grande incremento foi verificado no índice dos domicílios que possuem aparelhos receptores de televisão. Em 1970, apenas 24,11% do total de domicílios possuíam televisão, estando 97,27% concentrados na região urbana e 2,73%, na rural. Já em 1980, 54,91% do total de domicílios possuíam televisão, 91,68% na região urbana e 8,32% na rural.

QUADRO XI

DOMICÍLIOS COM TELEVISÃO				
	1970	%	1980 *	%
Total	4.250.404	24,11	14.518.877	54,91
urbanos	4.134.312	97,27	13.311.504	91,68
rurais	116.092	2,73	1.207.373	8,32

Fonte: IBGE — Instituto Brasileiro de Geografia e Estatística.
(*) Dados preliminares

Com relação aos domicílios, os números indicam que no período compreendido entre os dois recenseamentos, o crescimento verificado foi da ordem de 49,96% no total, com uma acentuada concentração na área urbana, cujo incremento correspondeu a 77,23%, enquanto na rural ficou em 11,84%.

QUADRO XII

TOTAL DE DOMICÍLIOS			
	1970	1980 *	% crescimento
Total	17.628.699	26.436.516	49,96
urbanos	10.276.340	18.213.575	77,23
rurais	7.352.359	8.222.941	11,84

Fonte: IBGE — Instituto Brasileiro de Geografia e Estatística.
(*) Dados preliminares

Proporcionalmente, o crescimento do índice de domicílios que possuem aparelhos receptores de rádio foi muito mais elevado do que o do crescimento de domicílios.

QUADRO XIII

ÍNDICE DE CRESCIMENTO DE DOMICÍLIOS COM RÁDIO (1970 — 1980)		
Total	urbanos	rurais
92,82%	94,03%	98,75%

Fonte: IBGE — Instituto Brasileiro de Geografia e Estatística.

A elevação verificada para o caso da televisão foi muito mais acentuada, destacando-se o crescimento proporcional do índice de domicílios com televisão na área rural.

QUADRO XIV

ÍNDICE DE CRESCIMENTO DE DOMICÍLIOS COM TELEVISÃO (1970 — 1980)		
Total	urbanos	rurais
241,58%	221,97%	940,01%

Fonte: IBGE — Instituto Brasileiro de Geografia e Estatística.

O Instituto Marplan realizou em 1980 o primeiro levantamento do número de aparelhos de rádio por domicílio (em que existam aparelhos receptores) em oito cidades brasileiras.

QUADRO XV

Praça	NÚMERO DE APARELHOS DE RÁDIO/DOMICÍLIOS COM APARELHOS		
	possui pelo menos um apar. de rádio	média de apar. por domicílio	%
	(000)		
São Paulo	2.602	2,40	96
Rio de Janeiro	1.966	2,05	94
Belo Horizonte	464	2,35	94
Porto Alegre	389	2,15	98
Recife	299	2,05	86
Salvador	258	2,04	89
Brasília	235	2,36	94
Curitiba	213	2,24	94
TOTAL	6.426	2,24	94

Fonte: Marplan 1980

Os resultados demonstram que nas oito cidades pesquisadas existem cerca de 6.426.000 domicílios com receptores de rádio, o que resultou em um total de 14.365.000 aparelhos, dando uma média geral de 2,24 aparelhos/domicílio. Ou seja: 94% das residências nessas cidades possuem pelo menos um aparelho receptor de rádio.

QUADRO XVI

POSSE E N.º DE APARELHOS POR DOMICÍLIO

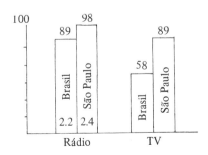

Fonte: Lintas e Marplan

Dados da Lintas e da Marplan reunidos indicam que, em relação a todo o território brasileiro, 89% das residências possuem aparelhos receptores de rádio, índice que se eleva para 98% no caso específico de São Paulo. Com relação à posse de aparelhos receptores de televisão, os números mostram que eles estão presentes em 58% dos domicílios brasileiros e em 89% dos paulistas. O rádio atinge 31% das residências não possuidoras de receptores de televisão.

3. AUDIÊNCIA

Os números de audiência constituem a base da mídia publicitária e, segundo a Sociedade Central de Rádio, representam o maior problema enfrentado pelo meio para se expandir. Nos últimos anos, com a revitalização do rádio, algumas agências de publicidade começaram a incluí-lo em suas pesquisas.

Durante muito tempo, a única averiguação da audiência radiofônica era feita pela técnica da entrevista "flagrante", resultando em índices muito baixos. Hoje já estão sendo aplicadas técnicas mais sofisticadas para avaliar que público está exposto à mensagem radiofônica. As duas principais técnicas utilizadas são:

a) *flagrante:* entrevista para saber a emissora que o ouvinte está sintonizando naquele momento;

b) *retrospectiva:* o entrevistador pergunta que emissora e/ou programa foi ouvido no dia anterior.

Com a adoção do sistema de entrevista pela técnica "retrospectiva", o próprio Ibope — que até 1981 só fazia pesquisa "flagrante" — descobriu que "o número de ouvintes de rádio chega quase ao dobro do que o flagrante domiciliar fazia supor".[4]

Mesmo com as inovações introduzidas na metodologia de pesquisa, os dados sobre a audiência em rádio ainda são bastante escassos, limitando-se basicamente ao eixo São Paulo-Rio de Janeiro.

Segundo Mauro Salles, "quase 90% da população brasileira tem acesso ao rádio... nas grandes cidades, o brasileiro ouve 2,4 horas de rádio por dia, em média", enquanto a televisão atinge "quase 50% da população... e o brasileiro urbano vê, em média, 3,2 horas de televisão por dia".[5]

---

4. As descobertas do rádio-retrô, novo sistema de pesquisa de audiência. *Exame*, 2-12-81.
5. Salles, Mauro, Propaganda no varejo. In: *Superhiper*, novembro 1981, pp. 84-86.

Os dados do Censo de 1980 indicam que o Brasil tem 119.070.865 habitantes, 25,5% dos quais — acima de 15 anos de idade — são constituídos por analfabetos declarados, não levando em consideração os semi-analfabetos que também estão praticamente excluídos do acesso aos veículos impressos. Esse é um público que só pode ser atingido pelos meios eletrônicos e, nas áreas rurais, o rádio continua sendo praticamente a única possibilidade de informação que se apresenta para essas populações.

O estudo Marplan, realizado em 1980 em oito capitais[6], mostrou que 88% do público pesquisado tem o hábito de ouvir rádio. Quanto à discriminação por sexo, faixa etária e classe sócio-econômica, o rádio atinge 93% dos homens e 90% das mulheres das classes A, B e C entre os 15 e os 29 anos de idade. A média geral de exposição ao meio é de duas horas e 42 minutos, sendo de três horas e três minutos para as mulheres e de duas horas e 21 minutos para os homens.

Em relação aos outros meios, o rádio ficou em 2.º lugar, atingindo 88% do público, enquanto a televisão alcança 94%. Nesta pesquisa, a participação do rádio nas áreas rurais não foi considerada, uma vez que os resultados referem-se apenas às oito capitais.

QUADRO XVII
HÁBITO DE AUDIÊNCIA

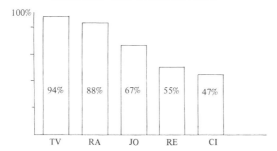

Fonte: Marplan 1980 — 8 capitais.

O I Estudo Multimídia-SP, também realizado pelo Instituto Marplan em 1980 e que teve por objetivo verificar o consumo dos diferentes meios de comunicação de massa, segmentou os públicos consumidores de cada um deles em três escalas — alto, médio e

---

6. As capitais cobertas pela pesquisa da Marplan foram: São Paulo, Rio de Janeiro, Porto Alegre, Curitiba, Belo Horizonte, Salvador, Recife e Brasília.

baixo —, além das divisões por sexo e faixas sociais, obtendo os seguintes resultados para os consumidores de rádio:

a) *altos consumidores:* são os homens das classes A e B que ouvem o rádio duas horas e 14 minutos ou mais por dia. São também os das classes C e D que o escutam durante duas horas e 21 minutos ou mais, diariamente. São as mulheres das classes A e B que se dedicam a ouvi-lo por duas horas e 47 minutos ou mais em um dia. Ou das classes C e D que o fazem pelo menos três horas e 54 minutos;

b) *médios consumidores:* os homens das classes A e B que o ouvem, diariamente, de uma hora e um minuto a duas horas e 13 minutos e os das classes C e D que o escutam de uma hora a duas horas e 20 minutos; as mulheres das classes A e B (de uma hora e oito minutos a duas horas e 46 minutos) e das classes C e D (de uma hora e 48 minutos a três horas e 53 minutos);

c) *baixos consumidores:* homens das classes A, B, C e D (de 30 minutos a uma hora) e as mulheres das classes A e B (de 30 minutos a uma hora e sete minutos) e das classes C e D (de 30 minutos a uma hora e 47 minutos).

Assim, este estudo fixou como critério para rádio e televisão o número médio de horas de exposição ao meio por dia. Para os meios impressos levou-se em conta a conjugação do número de títulos com a freqüência de leitura.

A partir dos dados obtidos, a Marplan elaborou uma interpretação dos meios pelos níveis de consumo para os públicos de 15 a 65 anos, ambos os sexos, classes A, B, C e D. Entre os resultados, destacam-se:

a) dos altos consumidores de televisão, 35% são também altos consumidores de rádio;

b) dos médios consumidores de televisão (33% do total), 27% são também altos consumidores de rádio e, dos baixos consumidores de TV, 43% são altos ou médios consumidores de rádio (o que demonstra a presença do rádio junto aos médios e baixos consumidores de televisão);

QUADRO XVIII

Público consumidor de TV		Também consumidor de rádio		
		Alto	Médio	Baixo
Alto	32%	35%	31%	22%
Médio	33%	27%	30%	29%
Baixo	33%	21%	22%	32%
Não-consumidor	2%	29%	19%	29%

Fonte: I Estudo Multimídia-SP/Estudos Marplan 80.

c) nos públicos dos meios impressos que apresentam altos índices de não-exposição — 35% para revistas e 40% para jornais — é observada grande penetração do rádio;

d) dos não-consumidores de revistas, 81% consomem rádio, sendo 53% altos ou médios consumidores;

QUADRO XIX

Público consumidor de revista		Também consumidor de rádio		
		Alto	Médio	Baixo
Alto	23%	32%	29%	27%
Médio	22%	25%	30%	29%
Baixo	21%	28%	28%	26%
Não-consumidor	35%	26%	27%	28%

Fonte: I Estudo Multimídia-SP/Estudos Marplan 80.

e) do público que não costuma ler jornais, 83% consome rádio e seis entre dez não-consumidores de jornais são altos ou médios consumidores de rádio — o que demonstra o valor complementar que o rádio possui em relação aos meios impressos, atingindo parcelas de público que não estão expostas a eles.

QUADRO XX

Público consumidor de jornal		Também consumidor de rádio		
		Alto	Médio	Baixo
Alto	19%	28%	26%	27%
Médio	20%	28%	28%	29%
Baixo	21%	27%	30%	26%
Não-consumidor	40%	28%	27%	28%

Fonte: I Estudo Multimídia-SP/Estudos Marplan 80.

O I Estudo Multimídia-SP foi a primeira pesquisa em que o rádio e os demais meios de comunicação de massa foram avaliados comparativamente a partir do mesmo universo.

III.
SISTEMAS DE EXPLORAÇÃO DA RADIODIFUSÃO

Os sistemas de exploração da radiodifusão desenvolveram-se de formas diferentes, de acordo com as implicações históricas e os objetivos que lhes destinaram os grupos de poder, procurando justificar as políticas de comunicação adotadas pelos países. De maneira geral, os sistemas de exploração da radiodifusão podem ser divididos em dois grupos básicos:

1) *sistema de monopólio ou autoritário:* o monopólio é do Estado, que explora a radiodifusão diretamente, com a criação de uma empresa pública para esse fim. O caso mais comum é o dos países socialistas.

2) *sistema pluralista:* sistema de exploração da radiodifusão em que convivem entre si emissoras estatais e privadas, estas exploradas comercialmente. É dentro desse sistema que se enquadram países como os Estados Unidos e o Brasil, onde emissoras oficiais coexistem com as privadas. Mas nestes dois países, a força das emissoras oficiais é, porém, inexpressiva, diante das emissoras comerciais. Na Inglaterra e no Canadá também funciona o sistema pluralista, mas com predomínio das emissoras oficiais sobre as comerciais.

Tanto em um sistema de exploração da radiodifusão como em outro, o Estado detém para si o direito de transmitir. No caso do sistema pluralista, esse direito pode ser concedido a terceiros, sempre a título precário.

O objetivo principal dos veículos de comunicação de massa no sistema de monopólio ou autoritário é o de contribuir para o sucesso e a continuidade do sistema político.

O sistema pluralista de exploração da radiodifusão permite uma subdivisão quanto à forma de atuação dos veículos:

a) *teoria da responsabilidade social:* dá prioridade à informação, ao entretenimento, servindo para impulsionar as vendas, por intermédio da veiculação da publicidade;

b) *teoria liberal:* a finalidade também é informar, entreter, impulsionar as vendas, mas, especialmente, descobrir a verdade, estando o conteúdo da radiodifusão sujeito a mecanismos de controle formados por representantes oriundos dos diferentes segmentos sociais e culturais.

A política adotada pelo Brasil para a exploração da radiodifusão é baseada na teoria da responsabilidade social pela iniciativa privada, em que o Estado procura estabelecer princípios que garantam o uso social dos meios de comunicação, tornando-os responsáveis pelo conteúdo da programação que transmitem e suas conseqüências. O Estado concede uma autorização para que entidades executoras de serviços de radiodifusão possam explorar comercialmente os veículos.

Em todo o mundo, apenas 31% dos países entregam à iniciativa privada a exploração dos serviços de radiodifusão. Os demais colocam esses serviços nas mãos de organismos ou organizações básicas da sociedade.[1]

No Brasil, desde o advento da radiodifusão, em 1922, todas as Constituições foram unânimes em afirmar a competência da União para explorar os serviços de radiodifusão, diretamente ou mediante concessão, a prazo fixo e com direito a rescisão pelo poder competente, não havendo qualquer interferência dos poderes Legislativo ou Judiciário nesse processo de concessão. A decisão é uma prerrogativa exclusiva do Poder Executivo, por meio do Presidente da República. Convivem, entre nós, emissoras estatais e comerciais, com ampla predominância quantitativa destas sobre aquelas.

1. SISTEMA ESTATAL X SISTEMA COMERCIAL

Na análise de qualquer aspecto da radiodifusão é preciso avaliar a importância que representa a diferenciação entre o sistema estatal e o sistema da livre iniciativa — ou seja, comercial — de exploração dos veículos.

Partindo do princípio de que a radiodifusão — seja estatal ou comercial — está necessariamente fundamentada em três fatores principais — *técnica, programação, audiência* — teremos imediata-

---

1. As emissoras sob controle, com medo das concessões. In: *Cadernos de Jornalismo*, 2.ª ed., Sindicato dos Jornalistas Profissionais de Porto Alegre, n.º 1, s/d., p. 11.

mente uma diferenciação básica, representada por um quarto e decisivo fator, que define o sistema comercial: *o lucro*. Assim, as empresas terão objetivos diferentes a partir do tipo de sistema pelo qual são constituídas.

Para a empresa comercial de radiodifusão, o interesse básico é o mercantil, pois é do faturamento originado pela venda do espaço publicitário que vão surgir os recursos para a manutenção tecnológica e a formação da estrutura programática. Para a empresa estatal, a situação assume outros aspectos, uma vez que ela não tem a preocupação de gerar diretamente as verbas responsáveis por sua manutenção.

No sistema de exploração comercial, é da interação entre a publicidade e a programação que vão surgir os padrões dominantes no conteúdo das mensagens: é preciso ter maior audiência para lograr maior faturamento, poder produzir novos programas e manter maior audiência, o que gera um processo em cadeia.[2] Nessa preocupação mercantilista, o objetivo visado não é apenas o lucro direto do ponto de vista econômico representado pelo faturamento da emissora, mas também o indireto, ou seja, o aspecto político da questão, representado pela possibilidade da emissora usufruir ao máximo as prerrogativas da concessão e, por outro lado, garantir a possibilidade de obter novas fontes de lucro direto atraindo novos anunciantes. Esses elementos somados são muito importantes na definição dos conteúdos dos programas — e o conteúdo dos programas jornalísticos não foge a essa regra.

2. FUNÇÕES E DOUTRINAS

Nesse sentido, podemos considerar que, de acordo com o sistema de exploração da radiodifusão, haverá um enfoque diferente quanto às funções e às doutrinas que definem seu papel social, entendendo que "as funções são os empregos sociais dos meios de informação", e "as doutrinas, as concepções sobre a liberdade e o papel da informação".[3]

Como principais funções dos meios de comunicação de massa, podemos enumerar as seguintes:[4]

---

2. A Lei n.º 4.117 de 27 de agosto de 1962, que institui o Código Brasileiro de Telecomunicações, estabelece os limites permitidos para as inserções comerciais. Em seu Capítulo VIII, art. 124, determina: "O tempo destinado na programação das estações de radiodifusão, à publicidade comercial, não poderá exceder a 25% (vinte e cinco por cento) do total".
3. Terrou, Fernand. *A informação*, p. 62.
4. Cayrol, Roland. *La presse — écrite et audiovisuelle*, pp. 8-16.

1) coleta e difusão de informações;
2) expressão de opiniões;
3) função econômica e de organização social;
4) entretenimento e distração;
5) função psicoterápica;
6) instrumento de identificação e de envolvimento social;
7) função ideológica, como instrumento de coesão social e de legitimação política, a serviço da ideologia dominante na sociedade.

Quanto às doutrinas que definem o papel social da radiodifusão, Abraham Moles distingue quatro que considera essenciais. Mesmo não sendo incompatíveis entre si, mostram de maneira clara o papel que a radiodifusão assume na sociedade, conforme esteja predominantemente voltada para uma ou para outra doutrina. As quatro doutrinas apresentadas por Moles são: [5]

1) *doutrina demagógica dos publicitários:* procura dar maior satisfação ao maior número de indivíduos e encara o rádio como auxiliar técnico do campo publicitário;

2) *doutrina eclética ou culturalista:* é representada pelas pretensões culturais existentes na maioria dos meios de comunicação de massa, seja no rádio, na televisão ou nos jornais, pretendendo representar o reflexo da atividade universal do espírito;

3) *doutrina dogmática:* o quadro de valores não é fixado por critérios econômicos, mas por critérios dogmáticos, representados pela propaganda. No rádio, essa doutrina atua realizando uma filtragem seletiva e progressiva dos assuntos que serão difundidos;

4) *doutrina sociodinâmica:* é decorrente da doutrina culturalista e pressupõe a ação direta sobre o todo social, constituindo um retrato permanente da cultura, considerada como um conjunto de conhecimentos e de fatos em que é necessário optar entre atitude conservadora e atitude progressista. Implica a tomada de posição do ser de uma sociedade em seu conjunto diante de sua evolução — acelerar ou retardar esta evolução.

Completando, Moles diz que todas as doutrinas de base cultural, ou seja, a dogmática, a eclética e a sociodinâmica, estão fundamentadas na idéia de um quadro sócio-cultural, em oposição à doutrina demagógica, que se baseia essencialmente na sondagem de audiências. E, de fato, todos os sistemas participam de uma fusão das quatro doutrinas, em proporções variáveis.

---

5. Moles, Abraham A. *Sociodinâmica da cultura,* pp. 259-303.

As empresas que exploram a radiodifusão do tipo comercial estão predominantemente voltadas para o que Moles denomina a "doutrina demagógica dos publicitários": dar a maior satisfação ao maior público possível sem, a rigor, haver uma preocupação quanto ao conteúdo que está sendo transmitido pelos programas. Isso pode ser resumido na célebre "dar ao público o que o público quer", uma das frases mais repetidas pelos responsáveis pela programação das emissoras comerciais de radiodifusão, mesmo que, na grande maioria das vezes, ninguém tenha parâmetros reais que permitam saber "o que o público quer". Salomão Amorim acredita que "é falso que o rádio oferece o que o público quer, já que o público não dispõe de elementos necessários para tal escolha. No fundo, o que o rádio acaba vendendo é o anúncio e não o programa".[6]

O que se sabe é o que o público consome, fator que passa a ser o padrão real a ser transmitido ao ouvinte. "A doutrina demagógica visa a imergir o indivíduo em um campo publicitário e a mantê-lo nele durante o maior tempo possível, por um recurso permanente a sua tendência ao mínimo esforço. Procura condicioná-lo nesse campo à adesão a um certo número de valores que constituem para ele motivações permanentes, sendo esses valores os de uma sociedade de consumo."[7]

Nas empresas do sistema estatal, esta preocupação mercantilista não está presente e seu papel social pode ser muito melhor definido como um misto entre a "doutrina eclética ou culturalista", dominada pelas pretensões culturais, e a "doutrina dogmática", em que o quadro de valores não é fixado por critérios econômicos, mas por dogmáticos, representados não mais pela publicidade comercial, mas pela propaganda institucional.

Apesar da predominância de uma ou de outra doutrina para definir o papel social da empresa de radiodifusão, elas não se apresentam, na prática, como formas puras. Há sempre uma mistura, em proporções variáveis, das quatro doutrinas básicas. "Os diferentes sistemas de comunicação de massa já utilizam, a títulos diversos, geralmente de maneira inconsciente, as quatro doutrinas enunciadas, que operam em proporções variáveis, muitas vezes função do quadro de valores dos *gatekeepers*, dos responsáveis."[8]

3. O PODER BUROCRÁTICO E O COMPLEXO PUBLICITÁRIO

Esse papel que o veículo de radiodifusão assume dentro da sociedade, em função do sistema de exploração e da doutrina que

---
6. Amorim, Salomão. In: O rádio continua na onda. *Visão*, 22-3-1976, p. 79.
7. Moles, Abraham A. *Op. cit.*, p. 301.
8. *Ibid.*, p. 303.

o define, vai ser um elemento fundamental na determinação dos critérios de seleção do conteúdo da programação da emissora. "Mas o que é fundamental, e que diz respeito não apenas ao rádio mas a todos os meios eletrônicos, é que eles têm uma grande função enquanto empresa: vender-se enquanto veículos. Aparentemente, eles se vendem ao consumidor (ouvinte); mas os elementos decisivos a quem se vendem são as agências de propaganda. Enquanto empresa, a emissora não está montada para formar opinião, mas para se vender às agências." [9]

A fundação da Sociedade Central de Rádio por um grupo de emissoras paulistas pode ser vista como uma forma oficial, sofisticada, do rádio "se vender", como meio, tanto para o anunciante como para o público. A união de esforços — que eram dispersados por serem promovidos de maneira concorrencial — passou a ser encarada por essas emissoras como uma forma de atingir os objetivos de modo mais eficiente. A Central de Rádio tem como objetivos valorizar o rádio junto às agências de publicidade, anunciantes, profissionais de comunicação e público, ressaltando que existe a preocupação de não interferir na programação e na filosofia de cada emissora. Por isso, as emissoras ligadas à entidade aliaram-se a algumas das maiores agências publicitárias do país, para financiar pesquisas com metodologia específica para o meio, procurando mostrar dados concretos para indicar que vale a pena veicular publicidade por rádio.

Para que o rádio consiga cumprir seu objetivo, ele precisa provar que atinge o público e que pode mantê-lo. "Há uma interdependência comercial e programática. O programa de comprovado consumo popular constitui o produto radiofônico que o poder burocrático coloca à venda no mercado publicitário. A dialética produção-consumo processa-se em duplo âmbito: entre a fonte e o público, de um lado e entre anunciante e fonte, de outro." [10]

O objetivo é um só: atingir o ouvinte, o consumidor dos produtos e serviços anunciados. A mensagem emitida pelo veículo torna-se um produto determinado pelo aparelho burocrático radiofônico que, para poder existir, apóia-se no complexo publicitário, procurando atender à tendência detectada no público. "De um lado a criação, do outro o recebedor da mensagem e, acima, o anunciante, estabelecem uma produção de compromisso, escoradas em padrões--modelos da cultura de massas, em processo de estandardização que constitui um dos fatores mais ativos do imobilismo de estrutura e

---

9. Cohn, Gabriel. In: Vieira, Isabel. Rádio — ele nunca esteve tão vivo. *Singular & Plural,* n.º 5, abril 1979, p. 62.
10. Madrid, André Casquel. *Aspectos da teleradiodifusão brasileira,* p. 65.

57

conteúdo programáticos, dos ciclos mais marcantes da radiodifusão brasileira." [11]

Trata-se, sem dúvida, de um comércio, que para Paulo Machado de Carvalho tem características específicas: "No comércio, costuma-se dizer que o negócio é bom quando é bom para dois: o que vende e o que compra. Mas no rádio o negócio só é bom quando é bom para três: para a emissora, para o anunciante e para o público." [12]

Não se pode fugir à realidade de que a produção dos programas está dominada pelo complexo publicitário, que visa a conquistar cada vez maior público para consumir o que é vendido por seus anúncios. É a predominância da audiência — em termos de quantidade —, e não a qualidade dos programas, que determina, em última análise, seu sucesso ou fracasso. "É necessário ter a coragem de reconhecer e de proclamar, de registrar e de anunciar que, primariamente, os programas existem para promover vendas." [13]

"A organização burocrática filtra a idéia criadora, submete-a a exame antes que ela chegue às mãos daquele que decide — o produtor, o redator-chefe." [14]

A liberdade de criação — e de seleção da informação — é cerceada pela força dos objetivos dos grupos econômicos que, na maioria das vezes, também têm vinculações políticas, que determinam os padrões que os programas devem seguir para que esses grupos possam alcançar maior eficácia. "Os orçamentos publicitários das grandes empresas são investidos na criação de padrões que a radiodifusão desenvolve, transforma em mercadoria (o programa) e coloca ao público. Este, através das sondagens de mercado, tem papel decisivo no planejamento, elaboração e transmissão das mensagens. Os programas permanecem no ar enquanto satisfazem aos dois poderes burocráticos: o radiofônico e o publicitário." [15]

---

11. *Ibid.*, pp. 66-67.
12. In: Reis, Fernando. O rádio risonho e franco. *Revista Propaganda*, fevereiro 1976, p. 56.
13. Araújo, Carlos Brasil de. *O escritor, a comunicação e o radiojornalismo*, p. 33.
14. Morin, Edgar. *Cultura de massas no século vinte (o espírito do tempo)*, p. 28.
15. Madrid, André Casquel. *Op. cit.*, p. 69.

IV.
POLÍTICA E RADIODIFUSÃO

O termo "política" é empregado em várias acepções. No sentido vulgar, representa tudo o que se relaciona com a vida das organizações políticas, como eleições, partidos etc. Significa também a orientação, a filosofia ou o comportamento do governo em relação a certos assuntos, por exemplo, a "política da radiodifusão". Como "área do saber", constitui a denominada "Ciência Política" que, em outras palavras, pode ser caracterizada como sendo o conhecimento sistemático dos fenômenos políticos, uma vez que, neste sentido, os fatos sociais são também fatos políticos.

Basicamente, vamos entender "política" no sentido que lhe deu Machiavelli [1] e que lhe dão alguns autores modernos: um conjunto de processos, métodos, expedientes e ardis que visam a conseguir, conservar e exercer o Poder, gerando uma determinada ação do Estado na abordagem dos problemas da Nação.

O rádio é um poderoso "instrumento político que tanto pode servir à mudança como à manutenção de um Estado, das relações sociais, da própria liberdade individual e/ou coletiva. O mais eficaz veículo de informação, torna-se um instrumento ideológico na medida em que seu controle e propriedade o transformam em arma. Arma que mobiliza, induz, liberta ou escraviza".[2]

A utilização do rádio como instrumento de divulgação da ideologia do grupo que está no poder não é descoberta recente. Goebbels,[3] durante o III Reich, utilizou-o intensamente, a ponto de

---
1. Niccolò Machiavelli, escritor e político italiano (1469-1527), autor de *O Príncipe*. A essência de sua doutrina política é conhecida por "maquiavelismo", sinônimo de absolutismo e amoralismo político.
2. Vieira, Isabel. Rádio — ele nunca esteve tão vivo. In: *Singular & Plural*, n.º 5, abril 1979, p. 58.
3. Paul Joseph Goebbels (1897-1945) foi ministro de Informação e Propaganda do III Reich, tendo assumido o posto em 1933. Por intermédio

se afirmar que Hitler seria inconcebível sem o rádio. Assim como, no Brasil, Getúlio Vargas aprendeu a usá-lo para disseminar sua política.

Meio de comunicação com grande poder de penetração entre as massas, muito cedo o rádio e a política se uniram, com objetivos de doutrinação ideológica. E o rádio conseguiu servir aos interesses políticos com "maquiavélica" eficiência.

A influência política penetra em todos os setores da radiodifusão, está presente em tudo, mas é muito mais difícil de ser identificada, na prática, por meio de fatos concretos. Ela visa garantir a adoção por parte das empresas de rádio e televisão de uma linha de ação voltada para a manutenção do *status quo* definido pela ideologia do grupo dominante.

1. OS INTERESSES INTERNOS

Qualquer que seja o regime político em vigor, a informação jamais se constitui em atividade totalmente livre. Mas a ação política exercida sobre os meios de comunicação de massa é mais difícil de ser detectada do que aquela que é especificamente legal ou econômica, pois esta, na realidade, já é determinada ou condicionada pela visão política do assunto.

No sistema comercial de exploração da radiodifusão os canais são concessões do Estado a empresas privadas. "Uma das formas de pressão e de controle é a própria organização do sistema de telecomunicações",[4] sendo impossível a qualquer empresa de radiodifusão desvincular-se da "tutela" estatal, já que sua existência depende de consentimento prévio e, no caso brasileiro, "a título precário".

A interferência política nos meios de comunicação de massa é muito complexa. "O arsenal de controle do Estado vai da concessão de licença para exploração a título precário à censura econômica: os governos em muitos países se transformaram em clientes número um das emissoras comerciais, porque é através delas que veiculam a propaganda política, buscando obter um consenso e legitimidade, não só através da força, mas também da manipulação da opinião".[5]

---

desse órgão exerceu absoluto controle dos meios de comunicação do país, promovendo a difusão das idéias de Hitler.
    4. Caparelli, Sérgio. 50 anos depois, só há um discurso: o dos governantes. In: *Cadernos de Jornalismo*, 2.ª ed., Sindicato dos Jornalistas Profissionais de Porto Alegre, n.º 1, s/d., p. 6.
    5. Caparelli, Sérgio. *Comunicação de massa sem massa*, p. 78.

O Estado pode estabelecer diferentes níveis de censura aos veículos, procurando sua hegemonia comportamental com relação à política adotada.

A concessão dos canais de radiodifusão estabelece certos pré-requisitos que, via de regra, constituem obrigações e consentimentos de seus beneficiários para com os detentores do poder político. "As concessões são, então, ditadas por apadrinhamentos políticos ou por simples desdobramentos do poder econômico e a radiodifusão, na sua condição de novo setor para a aplicação de capitais, muda de mãos apenas teoricamente: são concessões públicas a privados, por privados que manobram a coisa pública. As concessões, na maioria das vezes, não extravasam o âmbito restrito dos grupos dominantes, mas circulam internamente, dando a palavra a quem já tem e prosseguindo o bloqueio de quem dela precisa. Além disso, a exploração do novo meio exige capital elevado, que está em mãos de poucos, e que serve para mascarar essa circulação interna da concessão dos meios entre os grupos que gravitam em torno do poder".[6]

O rádio desempenha uma função muito importante no estabelecimento de contatos entre a população, que a televisão e os veículos impressos ainda não conseguiram igualar. E esse poder que o rádio tem "é visto pela Doutrina de Segurança Nacional como imprescindível para a integração ideológica, dentro dos objetivos nacionais".[7]

O controle que o Estado exerce sobre os meios de comunicação de massa é baseado em uma série de medidas que vão desde a censura, violências físicas, ações judiciais, expropriações, intimidações, ameaças, pressões de ordem financeira, apreensões, a convites para recepções ou bate-papos cordiais, pois "nenhuma coação, ameaça ou proibição é mais eficaz para limitar a liberdade de expressão do que as motivações positivas".[8]

2. AS INTERFERÊNCIAS INTERNACIONAIS

A pressão política sobre os meios de comunicação de massa não é exercida apenas a nível dos interesses internos do Estado, mas, cada vez, de forma mais acentuada, também por intermédio de influências externas. "No domínio das informações mundiais, como em muitos outros, as grandes potências exercem, de fato, uma dominação que obriga os egípcios, os argentinos e os suecos a verem o mundo, sem disso se darem conta, com olhos americanos, ingleses ou franceses".[9]

---
6. *Ibid.*, p. 79.
7. *Ibid.*, p. 204.
8. Servan-Schreiber, Jean-Louis. *O poder da informação*, p. 302.
9. *Ibid.*, p. 204.

As potências internacionais, sem exercerem qualquer pressão diplomática — e até obtendo lucros —, conseguem influenciar o resto do mundo não só com a divulgação da informação em si, como também da interpretação e emissão de opinião. E a principal via pela qual se exerce essa influência indireta são as agências de notícias, notadamente as chamadas "quatro grandes": AP, UPI, AFP e Reuters.

Outra forma de influência política que nações podem exercer sobre outras, divulgando ideologias e defendendo interesses bem definidos, são as transmissões destinadas a países estrangeiros. Existem diversas emissoras de alcance internacional — em sua quase totalidade de propriedade estatal — que emitem, por ondas curtas, uma programação específica dirigida a países determinados, inclusive o Brasil.

O conteúdo dessas transmissões não deixa dúvidas quanto aos objetivos: divulgação da "visão do mundo" dos detentores do poder do país de origem, por meio de informações — oficiais — que muitas vezes chegam a ser ingênuas em sua tendenciosidade. Os programas falados — existem também os musicais — dessas emissoras "podem ser estratificados em duas classes: os informativos e os formativos. Nesse contexto são inseridas, de modo bastante evidente, as conotações ideológicas dos respectivos sistemas mantenedores das emissoras".[10] Os programas falados geralmente representam o maior volume das transmissões.

O Brasil, com a criação da Radiobrás — Empresa Brasileira de Radiodifusão —, procurou eliminar alguns dos efeitos colaterais das transmissões internacionais, implantando emissoras brasileiras nas regiões de audiência mais intensiva das ondas curtas, como é o caso do Norte do País.

Em 1977 eram captadas no Brasil 21 emissoras internacionais.[11] Por seu lado, o Brasil também possui seu serviço de transmissões internacionais, que é uma das prioridades do Sistema Radiobrás. A Rádio Nacional, de Brasília, emissora da Radiobrás, está aparelhada para realizar transmissões brasileiras destinadas ao exterior. O noticiário sobre o Brasil é emitido em cinco idiomas: inglês, alemão, castelhano, francês e português.

---

10. Dalla Porta, Romar. Caso das ondas curtas. In: *Comunicação*, Ano 7, n.º 25, 1978, p. 14.
11. In: Calmon Alves, Rosental. Rádio — a máquina de vender países. *Jornal do Brasil*, 29-4-1977.

V.
A ECONOMIA: O COMPLEXO PUBLICITÁRIO

Não é apenas o poder político que interfere na definição do conteúdo dos meios de comunicação de massa. No sistema comercial de exploração da radiodifusão, a influência causada pela economia é muito mais determinante: são as verbas publicitárias que sustentam o rádio e a televisão. Mas os veículos impressos também estão sujeitos ao sistema econômico. "A publicidade tornou-se praticamente a única fonte de receitas da imprensa, o que põe em causa a sua independência financeira e moral. A droga da publicidade põe a imprensa na sua dependência. (...) Para muitos jornais, e sobretudo para as revistas periódicas, a publicidade ultrapassa 80% das receitas totais, tornando assim muito fraca a sua existência." [1]

A publicidade subvenciona os meios de comunicação de massa e, assim, condiciona todos os seus conteúdos, principalmente a informação. As empresas de comunicação lutaram para salvaguardar sua independência em relação aos governos, sem que percebessem que gradualmente se estavam entregando aos anunciantes. "A transformação mais imediata manifestou-se sob a forma de uma concorrência desenfreada, disputando os meios para garantir a fidelidade do maior número possível de leitores — chave dos grandes contratos com a publicidade. Diários, revistas e, mais tarde, quando a sua vez chegou, a televisão, lançaram-se, cada um com os seus métodos próprios, na corrida ao número." [2]

O funcionamento das empresas dedicadas à comunicação de massa é "uma atividade de alto risco, uma vez que repousa sobre os gostos cambiantes de um público em mutação por influência de transformações sociais lentas, mas profundas (urbanização, escolaridade, terciarização) e, mais freqüentemente, sobre o complemento

---

1. Servan-Schreiber, Jean-Louis. *O poder da informação*, pp. 29-32.
2. *Ibid.*, p. 36.

financeiro dos publicitários. Além disso, ela oculta atividades fortemente concorrentes."[3]

O complexo publicitário que passou, progressivamente, a sustentar todo o poder burocrático não só da radiodifusão mas também dos veículos impressos, "como a língua de Esopo, é ao mesmo tempo o melhor e o pior. O pior, porque marcou profundamente, em proveito de um sistema mercantil, o seu conteúdo e o seu equilíbrio econômico. O melhor, porque, no mundo capitalista, apenas a publicidade assegura o financiamento que permite à imprensa a sua independência em face aos governos."[4]

Mas também é preciso considerar que não são apenas as empresas de comunicação a se submeterem ao poder econômico manifestado diretamente sobre elas por meio dos investimentos publicitários. "É evidente que a força do dinheiro produz também os seus efeitos sobre os próprios jornalistas. É certo que quase todos recusariam, indignados, o sobrescrito com umas dezenas de contos de réis que lhes estendesse um industrial mais descarado para obter um artigo favorável sobre sua firma. Mas se, em vez disso, o industrial propuser uma pequena viagem turístico-econômica de visita às suas instalações, obterá exatamente o mesmo efeito e até lhe sairá muito mais barato. Na verdade, a prática dos convites de relações públicas, na medida em que salva as aparências, é aceita sem escrúpulos."[5]

1. O INVESTIMENTO PUBLICITÁRIO NO RÁDIO

Um bom indicador para se analisar o rádio como um meio de grande poder de penetração entre o público é o investimento publicitário que ele recebe.

Se depender dos investimentos publicitários, o futuro do rádio parece promissor. A participação do rádio brasileiro nos percentuais de publicidade — em comparação a todos os países de regime capitalista — é a maior do mundo. Em volume total de verbas, ocupa a 5.ª colocação.

Segundo cálculos da revista *Meio & Mensagem*, o total de verbas destinadas ao rádio em 1980 foi de onze bilhões de cruzeiros. Em relação a 1970 (Cr$ 207 milhões), houve um saldo bem favorável: em dez anos, o crescimento foi de 4.942%, enquanto a inflação atingiu 2.026%.[6] O período mostrou uma transformação no

---
3. Toussaint, Nadine. *A economia da informação*, p. 15.
4. Servan-Schreiber, Jean-Louis. *Op. cit.*, p. 86.
5. *Ibid.*, p. 336.
6. In: Verbas de publicidade em rádio nos últimos dez anos cresceram 4.942% enquanto a inflação atingiu 2.026%. *Jornal do Rádio*, n.º 14, maio 1981.

QUADRO I

AS MAIORES VERBAS DE RÁDIO
(1979)

	US$ (Bilhão)	%
Estados Unidos	4.954.	10
Japão	584.	6
França	405.	10
Canadá	390.	14
Brasil	328.	16

Fonte: Sociedade Central de Rádio.

comportamento do mercado de anunciantes de rádio: "Decresceu a participação do anunciante direto, principalmente depois da explosão da televisão, caindo de 24% para os atuais 8,5% o volume de verbas das principais agências (em boa parte anunciantes nacionais) destinadas ao veículo. Cresceu a participação do anunciante direto, em geral local, de 15% para 23%." [7]

Pelo volume dos investimentos publicitários, pode-se notar que os meios eletrônicos têm aumentado gradativamente sua importância na vida brasileira, não apenas sob o aspecto da difusão de mensagens de todos os tipos, mas estimulando o desenvolvimento da economia por intermédio dos incentivos ao consumo de bens e serviços. Cada vez mais, é neles — e principalmente na televisão — que as verbas dos anunciantes se concentram. Mas uma parte substancial da sobrevivência dos veículos impressos também depende das verbas publicitáras: "A publicidade é a grande fonte de financiamento dos meios de comunicação no Brasil, representando mais de 80% do faturamento dos grandes jornais (no caso de *O Estado de S. Paulo*, 78,89% em 1975) e atingindo a 100% na maioria das estações de rádio e de televisão." [8]

Uma análise retrospectiva da distribuição da verba, elaborada por *Meio & Mensagem,* demonstra a participação dos diversos meios no mercado publicitário a partir dos anos 60.[9] As informações

---

7. Rádio X publicidade: onde ficam as agências. In: *Sintonia,* n.º 1, março 1981, p. 2.
8. Rodrigues Dias, Marco Antonio. Política de comunicação no Brasil. In: Werthein, Jorge. *Meios de comunicação: realidade e mito,* p. 255.
9. *Meio & Mensagem* — Informe Especial n.º 4, agosto 1980, p. 21.

utilizadas foram fornecidas pelo Sercin — Serviço de Pesquisa de Concorrência Publicitária — que, desde 1968, vem fazendo o levantamento da performance publicitária do mercado brasileiro. A partir de 1980, foram considerados os dados do Grupo de Mídia/SP. Os percentuais apresentados referem-se apenas às verbas investidas via agências, não tendo sido avaliados os anunciantes diretos.

QUADRO II

| DISTRIBUIÇÃO PERCENTUAL DA VERBA PUBLICITÁRIA ||||||||
	TV	Jornal	Revista	Rádio	Outdoor	Cinema	Diversos
1962	24.7	18.1	27.1	23.6	6.4	0.1	
1963	32.9	16.6	21.9	23.0	4.6	1.0	
1964	36.0	16.4	19.5	23.4	4.1	0.6	
1965	32.8	18.4	25.6	19.5	3.4	0.3	
1966	39.5	15.7	23.3	17.5	3.7	0.3	
1967	43.0	14.5	22.0	15.5	4.4	0.6	
1968	44.5	15.8	20.2	14.6	4.3	0.6	
1969	43.1	15.9	22.9	13.6	3.9	0.6	
1970	39.6	21.0	21.9	13.2	3.8	0.5	
1971	39.3	24.8	17.0	12.7	5.3	0.9	
1972	46.1	21.8	16.3	9.4	5.1	1.3	
1973	46.6	20.9	15.6	10.4	5.1	1.4	
1974	51.1	18.5	16.0	9.4	4.5	1.0	
1975	53.9	19.8	14.1	8.8	2.7	0.7	
1976	51.9	21.1	13.7	9.8	2.9	0.6	
1977	55.8	20.2	12.4	8.6	2.4	0.6	
1978	56.2	20.2	12.4	8.0	1.5	0.5	1.2
1979	55.9	20.1	13.0	8.5	1.5	0.6	0.4
1980 *	57.8	16.2	14.0	8.1	1.5	0.6	1.8
1981 *	59.3	17.4	11.6	8.6	1.8	0.5	0.8
1982 *	61.2	14.7	12.9	8.0	2.3	0.4	0.5

Fonte: Meio & Mensagem.
(*) Grupo de Mídia/SP.

Se considerarmos a soma dos investimentos feitos via agência e anunciante direto, os percentuais se alteram significativamente:

QUADRO III

DISTRIBUIÇÃO DA VERBA PUBLICITÁRIA (1980)

TV	Jornal	Revista	Rádio	Outdoor	Cinema	Diversos
Agência							
57.8	16.2	14.0	8.1	1.5	0.6	1.8
Agência + Direto							
37.0	18.0	10.4	15.3	2.0	0.3	17.0

Fonte: *Meio & Mensagem*.

O percentual para rádio sobe 7,2 e o da televisão cai 20,8, o que mostra que o rádio recebe quase metade de sua verba por intermédio do anunciante direto, enquanto a televisão tem primazia absoluta sobre as verbas encaminhadas pelas agências, o que em grande parte se justifica pelo poderio das multinacionais, que preferem anunciar na televisão, em que o custo/telespectador é inferior ao custo/leitor dos jornais. O rádio, por ter um caráter mais regional do que a televisão, é um meio mais indicado para o anunciante direto, que quer vender seu produto ou serviço para um público localizado, apesar de não serem os pequenos anúncios, baratos, que garantem um grande faturamento para as emissoras.

2. O ANUNCIANTE DE RÁDIO

O relatório acumulado do Sercin — Serviço de Pesquisa de Concorrência Publicitária —, para 1980, mostra as principais categorias de bens e serviços que anunciam em rádio e as que não o fazem, destinando suas verbas a outros meios. Ao todo, foram pesquisadas 16 praças,[10] abrangendo todas as emissoras de televisão, cerca de 30 emissoras de rádio, 40 jornais, 70 revistas, *outdoors* e cinema. O trabalho permite dimensionar o comportamento, em termos de investimentos publicitários, dos vários produtos pesquisados.

---

10. As 16 praças pesquisadas são: São Paulo (capital e interior); Rio de Janeiro, Curitiba, Porto Alegre, Goiânia, Brasília, Belo Horizonte, Fortaleza, Salvador, Recife, Belém, Apucarana, Londrina, Maringá, Florianópolis e Blumenau.

Das dez principais categorias de produtos investidoras em rádio, quatro estão também entre as dez maiores em volume total de verba: cadernetas de poupança (1.º no geral e 1.º em rádio); cigarros (2.º no geral e 9.º em rádio); bancos (3.º no geral e 4.º em rádio); e refrigerantes (9.º no geral e 10.º em rádio).

QUADRO IV

PRINCIPAIS INVESTIDORES EM RÁDIO
POR CATEGORIA DE PRODUTOS — 1980

Categoria	Verba (em milhares de Cr$)	% (em relação à verba total)
Cadernetas de poupança	186.958	13
Supermercados (Rio de Janeiro)	164.807	18
Fortificantes	144.854	37
Bancos	127.655	11
Varejo - Departamentos (P. Alegre)	97.724	13
Óleos lubrificantes	97.596	50
Café	84.611	25
Tecidos	75.886	43
Cigarros	71.083	5
Refrigerantes	57.743	11

Fonte: Sercin.

As dez categorias de produtos não-investidoras em rádio aplicam expressivo volume de verba em outros meios:

QUADRO V

PRINCIPAIS NÃO-INVESTIDORES EM RÁDIO
POR CATEGORIA DE PRODUTOS — 1980

Categoria	Verba (em milhares de Cr$)	Meio básico usado
Esponjas de limpeza	153.525	Televisão
Creme dental	150.251	Televisão
Equipamentos telefônicos	127.148	Jornal/revista
Maioneses	126.984	Televisão
Maiôs	116.178	Revista
Infantis	96.850	Televisão
Bronzeador	94.814	Televisão
Colchas	85.198	Televisão
Computadores	72.528	Revista
Cuecas	53.109	Televisão/revista

Fonte: Sercin.

Em 1979, os cinco maiores anunciantes de rádio foram: Caixa Econômica Federal, Dorsay, Shell do Brasil, Bradesco e Banco Mercantil de São Paulo.[11]

3. CUSTOS DA PUBLICIDADE NO RÁDIO

O rádio é o meio de menor custo de produção em relação ao público atingido pela mensagem. Os fatores que influem nos custos do rádio são, basicamente: salários, equipamentos, ampliação das residências com aparelhos receptores e a oferta e procura do tempo comercial. As mensagens publicitárias no rádio acabam colocando-se entre as de menor custo para o anunciante com relação ao público que foi atingindo.

No "Dia do Rádio", a 25 de setembro de 1980, a Sociedade Central de Rádio veiculou uma peça alusiva à data e solicitou ao Instituto Marphan um processamento especial de seu computador para a programação radiofônica da cidade de São Paulo. Os resultados mostraram que a mensagem em questão foi transmitida 140 vezes, por 14 emissoras participantes da Central de Rádio. Num universo de 7.942.000 pessoas — cidade de São Paulo — foi obtida uma cobertura de 36,3%, o que equivale a uma audiência líquida de 2.885.300 ouvintes. A conclusão da avaliação foi: índice expressivo da cobertura, audiência elevada e variada e um *custo bastante acessível — 188 cruzeiros para mil pessoas.*[12]

---

11. *Meio & Mensagem* — Informe Especial n.º 4, agosto 1980.
12. In: *Sintonia*, n.º zero, s/d.

VI.

AS LEIS DA INFORMAÇÃO

A legislação que regulamenta a atividade dos — e nos — meios de comunicação de massa é extensa e complexa, permanentemente ampliada por novos dispositivos legais, que retificam — ou ratificam — as leis vigentes para a difusão da informação, constituindo-se, portanto, em matéria para especialistas.

Aqui, destacaremos apenas alguns dos aspectos da questão, no que se refere à atividade das empresas de comunicação, especialmente as de radiodifusão, relembrando um fato inegável: "A história do controle da informação sempre foi e sempre será o barômetro da vida política nacional." [1]

1. ELETRÔNICOS E IMPRESSOS

Aos olhos da lei, os meios eletrônicos de comunicação de massa e os impressos, são profundamente diferentes, embora tanto uns como outros divulguem a informação.

Os veículos impressos situam-se no campo da livre iniciativa, resultantes de "um ato de vontade pessoal, de decisão unilateral, de livre arbítrio. Independente, pois, de outras vontades. Independer de outras vontades não traduz, é claro, que não deva obediência ao sistema legal dominante." [2] Já os veículos eletrônicos estão sujeitos a pressões legais mais acentuadas, uma vez que a empresa de radiodifusão é "concedida, autorizada ou permitida. Ninguém pode explorar tal empreendimento sem que o anteceda a autorização do Estado. Basta confrontar a afirmação com a Constituição em vigor. Entre

---
1. Costella, Antonio. *O controle da informação no Brasil*, p. 149.
2. Araújo, Carlos Brasil de. *O escritor, a comunicação e o radiojornalismo*, p. 112.

a livre iniciativa e a empresa concedida, vai um mundo. E é por isso mesmo que são muito mais numerosas as leis, e muito mais específicos e casuísticos, mais drásticos, até, os regulamentos que dão os limites legais do campo das comunicações audiovisuais." [3] Tanto no rádio como na televisão, a grande fonte que pode dar origem a sanções legais são os programas jornalísticos, às vezes considerados a tal ponto ofensivos às leis, que determinem o imediato cancelamento da concessão, com o conseqüente fechamento da empresa, além de outras penalidades que possam ser impostas pela legislação de natureza civil ou criminal. "Os canais, através dos quais a televisão e o rádio fazem projetar suas imagens e sons, não se incorporam, por expresso preceito constitucional proibitório, ao patrimônio das empresas que os exploram. São propriedade da União, isto é, do povo, e não podem, por isso mesmo, se voltar contra o Estado ou desservir à coletividade a que pertencem." [4] E a lei é taxativa, pois enuncia que "as emissoras de radiodifusão, inclusive televisão, deverão cumprir sua finalidade informativa, destinando um mínimo de 5% (cinco por cento) de seu tempo para a transmissão de serviço noticioso" (Lei n.º 4.117, de 27 de agosto de 1962, Cap. V, art. 38, letra *h*), e impõe que "os programas de noticiário, reportagens, comentários, debates e entrevistas, nas emissoras de radiodifusão, deverão enunciar, no princípio e no final de cada um, o nome do respectivo diretor ou produtor" (Lei n.º 5.250, de 9 de fevereiro de 1967, Cap. I, art. 7.º, § 3.º).

O maior controle existente sobre os veículos eletrônicos é um fato de ocorrência mundial. "A telecomunicação vive em regimes legais que, ora mais, ora menos, porém, sempre, a colocam em situação menos cômoda do que a da imprensa." [5] Pelas características inerentes ao rádio e à televisão, a influência que eles produzem no meio social é muito mais profunda do que a causada pelos jornais e revistas.

Os vários regimes de governo, orientando-se por diferentes critérios, criaram diversos diplomas legais para a exploração da radiodifusão, notando-se em todos a predominância ativa do Estado. "No Brasil sempre se considerou a radiodifusão como serviço público a ser exercido pelo Estado, podendo ser franqueado, por meio de autorizações e concessões, aos particulares. Ainda que concedido ou autorizado a particulares não perdia a característica de serviço público." [6]

---
3. *Ibid.*, p. 113.
4. *Ibid.*, p. 135.
5. Costella, Antonio. *Op. cit.*, p. 123.
6. *Ibid.*, p. 125.

Todas as Constituições brasileiras, desde a implantação do rádio, foram unânimes em determinar a competência da União para a exploração, direta ou por meio de concessão, dos serviços de radiodifusão, que podem ser exercidos por empresas privadas mediante concessão ou autorização, a prazo certo e a título precário.

2. CONTEÚDO E FORMA

A legislação que rege os meios de comunicação de massa é composta por leis de diferentes origens que, no seu conjunto, definem a política de comunicações do Estado e o Direito de Comunicação.

"No ordenamento jurídico brasileiro a lei é a principal forma de expressão do Direito", segundo Antonio Costella. E como leis, podem ser denominados todos os "tipos de diplomas legais previstos na Seção V do Capítulo VI da Constituição Federal (Emenda Constitucional n.º 1, de 17-10-1969) e arrolados no art. 46 do texto constitucional": 7 emendas à Constituição, leis ordinárias, leis delegadas, decretos-leis, decretos legislativos e resoluções, além dos regulamentos que não podem contrariar a lei. "A própria Constituição é uma lei, embora dotada de uma característica particularíssima que a distingue de todas as demais: ela está acima de qualquer outra lei." [8]

Os veículos de comunicação estão sujeitos a dois tipos de transgressão, que Costella denomina como "crimes de informação" e "crimes de telecomunicação". "Os primeiros correspondem a tipos de comportamento delitivo relacionados com o conteúdo da comunicação, isto é, com a mensagem. Os outros dizem respeito aos veículos de comunicação em si mesmos." [9]

Além de alguns dispositivos constitucionais, os *crimes de informação* dos meios de comunicação de massa, são definidos por:

Lei de Imprensa — Lei n.º 5.250, de 9 de fevereiro de 1967;

Lei de Segurança Nacional — Lei n.º 7.170, de 14 de dezembro de 1983;

Código Brasileiro de Telecomunicações — Lei n.º 4.117, de 27 de agosto de 1962;

Código Penal — Decreto-Lei n.º 2.848, de 7 de dezembro de 1940.

Os *crimes de telecomunicação* são definidos pelos seguintes dispositivos legais:

---

7. Costella, Antonio. *Direito da comunicação*, pp. 11-12.
8. *Ibid.*, p. 13.
9. *Ibid.*, p. 24.

Código Brasileiro de Telecomunicações — Lei n.º 4.117, de 27 de agosto de 1962;

Código Penal — Decreto-Lei n.º 2.848, de 7 de dezembro de 1940;

Regulamento dos Serviços de Radioamador — Decreto n.º 58.555, de 31 de maio de 1966.

3. LEI DE IMPRENSA

A Lei n.º 5.250, de 9 de fevereiro de 1967, chamada Lei de Imprensa, regula a liberdade de manifestação do pensamento e de informação. Seu texto final comporta sete capítulos e 77 artigos que, para Freitas Nobre, constituem a *"Lei Brasileira da Informação,* pois ela considera não apenas os órgãos impressos, mas também todos os demais meios de divulgação...",[10] assegurando, formalmente, a liberdade de informação e enquadrando os "delitos cometidos não apenas através da imprensa, como também do rádio, da televisão e das agências de informação".[11]

"O projeto da atual Lei de Imprensa chegou ao Congresso Nacional às vésperas do Natal de 1966, para ser apreciado em 30 dias, sem o que estaria automaticamente aprovado." [12] O Governo fez pressão sobre o Congresso para obter as restrições que nela figuram, a pretexto de que "o conceito de liberdade implica o de responsabilidade".[13]

"A Lei de Imprensa não há de morrer de velha. Morrerá retalhada." [14] Muitas emendas já incidiram sobre ela, destacando-se o Decreto-Lei n.º 1.077, de 26 de janeiro de 1970, responsável pela oficialização da censura prévia aos veículos de informação e a Lei n.º 6.071, de 3 de julho de 1974, que adaptou diversas leis ao novo Código de Processo Civil.

4. LEI DE SEGURANÇA NACIONAL

A Lei n.º 7.170, de 14 de dezembro de 1983, conhecida como a "Nova Lei de Segurança Nacional", "define os crimes contra a

---

10. Nobre, Freitas. *Lei da informação,* p. 1 (grifo do autor).
11. *Ibid.,* p. 3.
12. Versiani, Marçal. A imprensa e a segurança do Estado. *O Estado de São Paulo,* 27-8-1978.
13. In: Lei de Imprensa muda, mas ainda vai demorar. *O Estado de São Paulo,* 23-3-1980.
14. Costella, Antonio. *O controle da informação no Brasil,* p. 142.

Segurança Nacional, a Ordem Política e Social, estabelece seu processo e julgamento e dá outras providências".

A atual Lei de Segurança Nacional reduziu de 40 para 22 o número de normas incriminatórias e, segundo Júlio César Ferreira de Mesquita, "retira de seu texto os delitos de imprensa, para destacar os bens jurídicos tutelados — o Estado de Direito e a Democracia; dá uma redação mais clara, para a definição do conceito de segurança nacional; transfere para lei específica — no caso, ainda a Lei de Imprensa — os casos de 'ofensas' a ministros de Estado e outras autoridades públicas, resguardando apenas as pessoas dos presidentes dos Três Poderes: da República, do Senado, da Câmara dos Deputados e do Supremo Tribunal Federal".[15]

Mesmo assim, continua a prevalecer a doutrina de segurança nacional, presente desde sua origem, o Decreto-Lei n.º 898, de 29 de setembro de 1969, que "contemplou generosamente a imprensa no Capítulo II, sobre os crimes e as penas. Ela merece cautela especial. A razão está não na lei, mas na doutrina que a lei subentende, a doutrina de segurança nacional".[16]

A doutrina de segurança nacional prega que o "poder Nacional é composto por vários elementos, chamados também poderes: econômico, político, militar e psicossocial. O último é o mais fluido na expressão, impregnado de aspectos subjetivos, tais como moral, direito, vigências sociais, religião, arte e, enfim, comunicação, opinião pública".[17]

O Decreto-Lei n.º 898 sofreu várias triagens, inclusive por recomendação do próprio Superior Tribunal Militar — que o aplica —, sendo com isso reduzido o peso das penas, até que se chegou à redação atual, a Lei n.º 7.170, em que, mesmo aliviados, continuam presentes riscos para os profissionais que escrevem para a imprensa ou dirigem veículos de comunicação.

5. CÓDIGO BRASILEIRO DE TELECOMUNICAÇÕES

A efetiva participação do Governo Federal no campo das telecomunicações em geral, começou com a instituição do Código Brasileiro de Telecomunicações, pela Lei n.º 4.117, de 27 de agosto de 1962. A legislação já previa o monopólio governamental nos serviços, mas a primeira conseqüência da nova lei foi a criação do Contel — Conselho Nacional de Telecomunicações.

---

15. Mesquita, Júlio César Ferreira de. In: A nova Lei de Segurança Nacional. *O Estado de São Paulo*, 10-4-1984.
16. Versiani, Marçal. *Op. cit.*
17. *Ibid.*

O Contel surgiu com a finalidade de fiscalizar, expandir e organizar todos os serviços públicos de telecomunicações, desde a permissão para a instalação de companhias telefônicas até a concessão de canais de rádio e televisão. Com a criação do Ministério das Comunicações, a 25 de fevereiro de 1967, o Contel perdeu a maioria de suas funções, sendo posteriormente extinto. O órgão federal responsável pelo setor atualmente, é o Dentel — Departamento Nacional de Telecomunicações.

A Lei n.º 4.117 é muito extensa, trazendo detalhes sobre atividades ou entidades oficiais do setor, tornando-se difícil isolar apenas a legislação sobre a radiodifusão no Brasil, inserida nessa lei que engloba telecomunicações, radiofonia, rádio e televisão.

Existe uma série de decretos, leis, resoluções e decisões que alteram o Código Brasileiro de Telecomunicações (Lei n.º 4.117), o Regulamento Geral (Decreto n.º 52.026, de 20 de maio de 1963) e o Regulamento dos Serviços de Radiodifusão (Decreto n.º 52.795, de 31 de outubro de 1963), que continuam sendo a legislação básica sobre a radiodifusão no Brasil.

Apesar de haver, desde o advento da radiodifusão no Brasil, grande número de atos e portarias ministeriais contendo normas e diretrizes para a radiodifusão, só a partir de 1946, quando da realização do I Congresso Brasileiro de Radiodifusão (Rio de Janeiro), "começou a batalha do empresariado privado para a obtenção de um diploma legal que lhe garantisse a continuidade da iniciativa privada na radiodifusão, a qual, vez por outra, era ameaçada por declarações de autoridades".[18]

De 1946 até 1962, inúmeras iniciativas foram tomadas e, a partir de 1957, cresceram as expectativas para a aprovação de um "texto ideal" para um "Código Brasileiro de Radiodifusão", até que, "em meados de 1962, o Congresso aprovou o texto definitivo da lei tão ansiada por uma radiodifusão que, à época, já possuía quase 800 empresas em atividade. Entretanto a batalha ainda não havia sido ganha. Levado o projeto de lei à sanção presidencial, eis que o então Presidente da República veta 52 artigos...".[19] O projeto volta ao Congresso, que rejeita todos os vetos, mantendo o texto original.

A aprovação do Código foi elogiada até no exterior, tendo sido considerado "um tesouro de garantias para o empresário". Mas em fevereiro de 1967, "face a uma situação política atípica, foi o

---

18. Tavares, Renato. Serviços de radiodifusão. In: *Telebrasil*, janeiro/fevereiro 1981, p. 64.
19. *Ibid.*, p. 64.

Código completamente alterado pelo Decreto-Lei n.º 236 que deu nova redação a 42 de seus artigos".[20]

O Decreto-Lei n.º 236, de 28 de fevereiro de 1967, alterou diversos artigos do Código Brasileiro de Telecomunicações, estabelecendo limites numéricos à direção e à propriedade de emissoras de radiodifusão, "visando a segurança social, econômica e política do povo brasileiro", com o objetivo de "impedir o controle da opinião pública por pessoas ou grupos minoritários e reprimir o abuso do poder econômico: reprimiu o monopólio, levando à adoção de uma filosofia de multiplicidade das fontes de informação".[21]

O Código Brasileiro de Telecomunicações, com seus 129 artigos, disciplinou de maneira exaustiva as atividades de telecomunicações, excluindo, em seu artigo 1.º, a possibilidade de aplicação de qualquer outra lei sobre a matéria.

No que diz respeito à liberdade de expressão, o artigo 52 do Código dispõe: "A liberdade de radiodifusão não exclui a punição dos que praticarem abusos no seu exercício". A definição dos "abusos" está no artigo seguinte: "Constitui abuso, no exercício da liberdade de radiodifusão, o emprego desse meio de comunicação para a prática de crime ou contravenção previstos na legislação em vigor no país...", empregando-se outras leis de caráter subsidiário e, em matéria de abuso de expressão, a Lei de Imprensa.

Quanto aos prazos de concessão de canais, a Lei n.º 4.117 estabeleceu 15 anos para a televisão e dez anos para o rádio, renováveis por iguais períodos, desde que o concessionário ou permissionário tenha "executado o serviço na forma da lei".

Desde 1968, está em estudo a nova legislação para a telecomunicação — a Lei Postal e de Telecomunicações. O anteprojeto "conta com 104 artigos e propõe uma utilização racional dos meios de comunicações, excluindo a regulamentação de serviços de cabodifusão e de radiodifusão que merecerão uma legislação especial".[22]

6. CÓDIGO PENAL

O Decreto-Lei n.º 2.848, de 7 de dezembro de 1940, contém artigos que envolvem a difusão da informação. Entre os assuntos tratados estão a violação do direito autoral, usurpação de nome ou

---

20. *Ibid.*, pp. 64-65.
21. *Ibid.*, pp. 65-66.
22. In: Novo código vai regular setor de telecomunicações. *O Estado de São Paulo*, 22-11-1981.

pseudônimo etc., definindo vários crimes que são também previstos na Lei de Imprensa, como calúnia, difamação, injúria etc.

7. DISPOSITIVOS CONSTITUCIONAIS

Alguns dispositivos constitucionais referem-se aos meios de comunicação de massa. "De acordo com o que determina a Constituição de 24 de janeiro de 1967, inciso XV do art. 8.º, compete à União explorar diretamente ou mediante concessão ou autorização os serviços de telecomunicações. No art. 174 prescreve o Estatuto Fundamental que a propriedade e a administração de empresas jornalísticas de qualquer espécie, inclusive de televisão e radiodifusão, são vedadas a estrangeiros, a sociedades por ações ao portador e a sociedades que tenham como acionistas ou sócios estrangeiros ou pessoas jurídicas, exceto partidos políticos, cabendo a responsabilidade e a orientação intelectual e administrativa somente a brasileiros natos".[23] E mais: "Sem prejuízo da liberdade de pensamento e de informação, a lei poderá estabelecer outras condições para o funcionamento das empresas jornalísticas ou de televisão e de radiodifusão, no interesse do regime e do combate à subversão e à corrupção."[24]

A Emenda Constituicional n.º 1, de 17 de outubro de 1969, em seu art. 8.º, estabelece que "compete à União... organizar e manter a polícia federal com a finalidade de... prover a censura de diversões públicas...", ratificando os artigos a respeito, presentes no texto anterior.

---

23. Lopes, Saint-Clair. *Comunicação — radiodifusão hoje*, p. 131.
24. *Ibid.*, p. 131.

VII.
A ESTRUTURA RADIOFÔNICA

1. CARACTERÍSTICAS DO RÁDIO

Entre os meios de comunicação de massa, o rádio é, sem dúvida, o mais popular e o de maior alcance público, não só no Brasil como em todo o mundo, constituindo-se, muitas vezes, no único a levar a informação para populações de vastas regiões que não têm acesso a outros meios, seja por motivos geográficos, econômicos ou culturais. "Este *status* foi alcançado por dois fatores congregados: o primeiro, de natureza fisio-psicológica — o fato de ter o homem a capacidade de captar e reter a mensagem falada e sonora simultaneamente com a execução de outra atividade que não a especificamente receptiva; o outro, de natureza tecnológica — a descoberta do transistor." [1]

Dos meios de comunicação de massa, o rádio é o mais privilegiado, por suas características intrínsecas. Entre elas, podemos destacar:

a) *linguagem oral*: o rádio *fala* e, para receber a mensagem, é apenas necessário *ouvir*. Portanto, o rádio leva uma vantagem sobre os veículos impressos, pois, para receber as informações, não é preciso que o ouvinte seja alfabetizado. Em conseqüência disso, a média do nível cultural do público ouvinte é mais baixa do que a do público leitor, uma vez que, entre o público do rádio, pode estar incluída a faixa da população analfabeta, que no caso dos impressos é eliminada *a priori*. Com relação à televisão, o espectador também não precisa saber ler, apesar de, cada dia mais, os caracteres estarem sendo utilizados para prestar informações importantes, que escaparão ao analfabeto (ex.: nome do entrevistado, local etc.);

---

1. Beltrão, Luiz. Jornalismo pela televisão e pelo rádio: perspectivas. In: *Revista da Escola de Comunicações Culturais*, USP, Vol. 1, n.º 1, 1968, pp. 112-113.

b) *penetração*: em termos geográficos, o rádio é o mais abrangente dos meios, podendo chegar aos pontos mais remotos e ser considerado de alcance nacional. Ao mesmo tempo, pode estar nele presente o *regionalismo*, pois, tendo menor complexidade tecnológica, permite a existência de emissoras locais, que poderão emitir mensagens mais próximas ao campo de experiência do ouvinte. "O rádio será tanto mais nacional quanto mais regional for." [2] É "veículo de alcance universal, que pode levar sua mensagem a qualquer parte do globo, no mesmo instante unindo populações antípodas — o rádio entretanto é de natureza eminentemente regional, quanto a sua principal audiência"; [3]

c) *mobilidade*: sob dois pontos de vista:

1) *emissor*: sendo menos complexo tecnicamente do que a televisão, o rádio pode estar presente com mais facilidade no local dos acontecimentos e transmitir as informações mais rapidamente do que a televisão. Com relação aos veículos impressos, o rádio leva vantagens muito grandes. Suas mensagens não requerem preparo anterior, podendo ser elaboradas enquanto estão sendo transmitidas, além de eliminar o aspecto crucial da distribuição: quem estiver ouvindo rádio, estará apto a receber a informação. Com a utilização das unidades móveis de transmissão, as emissoras praticamente se "deslocam", podendo transmitir de qualquer lugar dentro de seu raio de ação;

2. *receptor*: o ouvinte de rádio está livre de fios e tomadas e não precisa ficar em casa, ao lado do aparelho. O rádio hoje está em todo lugar: na sala, na cozinha, no banheiro, no quarto, no escritório, nas fábricas, no automóvel, eliminando também o hiato de audiência durante o tempo de locomoção de um lugar para outro. Seu tamanho diminuto torna-o facilmente transportável, permitindo, inclusive, recepção individualizada nos lugares públicos;

d) *baixo custo*: em comparação à televisão e aos veículos impressos, o aparelho receptor de rádio é o mais barato, estando sua aquisição ao alcance de uma parcela muito maior da população. O ouvinte — assim como o telespectador e o leitor — geralmente não se dá conta de que o usufruto das mensagens dos meios de comunicação de massa exige um pagamento permanente para sua manutenção. Esse pagamento está diluído no preço que o consumidor paga pelos produtos e/ou nos impostos. É desta verba que os veículos sobrevivem, mesmo os impressos, uma vez que o faturamento resultante da venda dos exemplares não é suficiente para mantê-los. E

---

2. Tys, Hélio. Rádio no Brasil. In: *Comunicação*, Ano 7, n.º 25, 1978, p. 11.
3. Beltrão, Luiz. *Op. cit.*, p. 114.

mais: o preço que o cidadão paga para receber as mensagens não está vinculado ao consumo que ele faça dessas mensagens, mas, sim, ao consumo que ele faça dos produtos que fazem publicidade nos veículos. Da mesma forma que os impostos — envolvendo aí uma série de outros benefícios necessários à manutenção das condições de vida em sociedade — também não variam em função da utilização maior ou menor dos meios de comunicação. Por outro lado, a produção radiofônica é mais barata do que a televisiva, justamente por ser menos complexa. Se levarmos em consideração o grande número de pessoas que recebe a mensagem radiofônica, esse custo de produção se dilui, tornando o rádio o meio de mais baixo custo de produção em relação ao público atingido;

e) *imediatismo*: os fatos podem ser transmitidos no instante em que ocorrem. O aparato técnico para a transmissão é menos complexo do que o da televisão e não exige a elaboração necessária aos impressos para que a mensagem possa ser divulgada. O rádio permite "trazer" o mundo ao ouvinte enquanto os acontecimentos estão se desenrolando;

f) *instantaneidade*: a mensagem precisa ser recebida no momento em que é emitida. Se o ouvinte não estiver exposto ao meio naquele instante, a mensagem não o atingirá. Não é possível "deixar para ouvir" em condições mais adequadas. No caso da televisão, o fenômeno é o mesmo. Nesse sentido, os veículos impressos levam vantagem, podendo o leitor "voltar atrás" para entender melhor a mensagem, guardar para ler nos momentos que para ele sejam mais adequados etc. Mas, atualmente, "guardar" as mensagens emitidas por rádio e televisão está se tornando mais viável e usual, com o desenvolvimento e a utilização cada vez mais acentuada dos gravadores de áudio ou de áudio e vídeo — videocassete — portáteis. Mas isto já foge às características dos meios em si;

g) *sensorialidade*: o rádio envolve o ouvinte, fazendo-o participar por meio da criação de um "diálogo mental" com o emissor. Ao mesmo tempo, desperta a imaginação através da emocionalidade das palavras e dos recursos de sonoplastia, permitindo que as mensagens tenham nuances individuais, de acordo com as expectativas de cada um. No caso da televisão, a decodificação das mensagens também se dá ao nível sensorial, só que a imaginação é limitada pela presença da imagem. No caso dos veículos impressos, a sensorialidade está muito mais contida, permitindo uma decodificação ao nível racional, sem envolvimentos emocionais que são criados pela presença da voz. Por mais que uma manchete utilize letras garrafais ou que sejam mostradas fotos, o resultado não envolve tanto o leitor quanto a recriação do fato por meio de sons ou de sons e imagens — já limitando a imaginação quanto à possibilidade da criação de "imagens mentais". "Uma imagem vale por mil palavras" é um chavão sobejamente conhecido por todos. E o rádio realmente usa as "mil palavras" para criar cada imagem, que vão permitir que se criem muito mais do que "mil imagens mentais"... Orson Welles e sua transmissão de *A Guerra dos Mundos,* realizada em 1938, já provaram isso concretamente;

h) *autonomia:* o rádio, livre de fios e tomadas — graças ao transistor — deixou de ser meio de recepção coletiva e tornou-se individualizado. As pessoas podem receber suas mensagens sozinhas, em qualquer lugar que estejam. Essa característica faz com que o emissor possa falar para toda a sua audiência como se estivesse falando para cada um em particular, dirigindo-se diretamente àquele ouvinte específico. A mensagem oral se presta muito bem para a comunicação "intimista". É como se o rádio estivesse "contando" para cada um em particular. Ao mesmo tempo, a atividade de "ouvir" não exclui a possibilidade de desenvolver outras tarefas, como ler, dirigir, trabalhar etc. O rádio se adapta muito bem ao papel de "pano de fundo" em qualquer ambiente, despertando a atenção quando a mensagem apresentada é de interesse mais específico do ouvinte.

Em função de suas características, o rádio ganhou rapidamente campo frente aos veículos impressos e sobreviveu à concorrência surgida com o aparecimento da televisão. Um dos elementos mais importantes nesse processo foi a descoberta do transistor. Em 1952, já estavam no mercado norte-americano os primeiros receptores transistorizados. Esse minúsculo componente eletrônico permitiu que qualidades potenciais do rádio fossem levadas a seus extremos.

O rádio não morreu quando surgiu a televisão, apesar da perplexidade inicial diante do aparecimento de outro meio tecnologicamente mais sofisticado: primeiro, se acomodou, mas, depois, se especializou em sua própria faixa de potencialidade. Mesmo que a televisão continue concorrendo com o rádio, este já não a teme mais, até convive com ela: na hora do futebol, muitos torcedores preferem unir a imagem da televisão com a narração do rádio.

2. A MENSAGEM RADIOFÔNICA

Partindo das características básicas do meio, podemos constatar que a mensagem radiofônica vai ter características específicas, que, para Angel Faus Belau devem ser analisadas sob quatro aspectos: em função do meio, dos componentes da mensagem, do ouvido e do receptor:[4]

4. Faus Belau, Angel. *La radio: introducción al estudio de un medio desconocido,* pp. 202-204.

a) *em função do meio*: a mensagem é imediata, supondo a eliminação dos fatores espaço e tempo. É uma unidade de emissão sucessiva, imediata e simultânea, que implica:

1) *presença do receptor* no momento da emissão, sendo a mensagem única e irrepetível;

2) *ausência do receptor* do campo visual do emissor;

b) *em função dos componentes da mensagem*: a mensagem tem como suporte sinais compostos por sons — palavras, música, efeitos sonoros etc. Através deles são comunicadas idéias, realidades e emoções;

c) *em função do ouvido*: para receber a mensagem radiofônica, é unicamente necessário que exista a capacidade física de ouvir;

d) *em função do receptor da mensagem*: a mensagem radiofônica pode ser recebida devido a uma ampliação do campo auditivo, conseguida tecnologicamente. Isso dá autonomia na recepção, ao que se une o fato de cada mensagem ser decisiva em si mesma, pois é uma unidade única e irrepetível.

Faus Belau observa ainda que a eficácia da mensagem radiofônica depende da claridade, compreensibilidade e adequação à emissão, além dos fatores de audibilidade, nos quais inclui as circunstâncias de recepção da mensagem — residência, automóvel etc. — e os tipos de audição radiofônica: ambiental, companhia, atenção concentrada e seleção intencional.[5]

Os quatro tipos clássicos de recepção das mensagens radiofônicas são explicados por Abraham Moles:

a) *ambiental*: quando o ouvinte deseja que o rádio lhe proporcione um "pano de fundo", seja através de música ou de palavras;

b) *companhia*: o ouvinte presta uma atenção marginal interrompida pelo desenvolvimento de alguma atividade paralela;

c) *atenção concentrada*: supõe que o ouvinte, mesmo exercendo outras atividades paralelas, aumenta o volume do receptor, concentrando a atenção na mensagem que lhe interessa;

d) *seleção intencional*: é a seleção de um programa concreto por parte do ouvinte.[6]

De acordo com o tipo de audição exercida pelo ouvinte, a mensagem vai surtir diferentes efeitos.

Partindo dos elementos acima apresentados, Faus Belau define o rádio como "...um meio de comunicação de idéias-realidades (contextos, fatos, acontecimentos), campos sonoros (reconstruções em sentido amplo) e concepções culturais, cuja finalidade é facilitar ao

---
5. *Ibid.*, p. 205.
6. Moles, Abraham A. Situation de base de la communication. In: *L'Enseignement du Journalisme*, XXI, 1964, p. 17.

ouvinte um contato pessoal e permanente com a realidade circundante por meio de sua recriação verossímel. Essa recriação se efetua pela sucessão de produtos sonoros radiofônicos elaborados a partir de sinais-produto deformados porém repetíveis (gravações) ou transformados porém irrepetíveis (sinais ao vivo do estúdio) enviando-os a distância por meio de ondas, com que uns e outros são irrepetíveis, redundantes em sua atuação, deformados ou transformados, simultâneos, fugazes, multiplicados por um fator externo ao meio e ao produtor, representado pelo receptor (o ouvinte), materializados por este, só apreensíveis através do ouvido, no presente e à distância (não-presença do receptor no campo visual do emissor), em determinadas condições de recepção e dirigidas a um público indiscriminado".[7]

O produto radiofônico — mensagem — precisa respeitar todas as características do meio e as condições de recepção, devendo estar entre as preocupações básicas do emissor o fato de a mensagem radiofônica estar destinada a ser apenas ouvida.

---

7. Faus Belau, Angel. *Op. cit.*, pp. 176-177.

VIII.

A ESTRUTURA JORNALÍSTICA

As características do rádio como meio de comunicação de massa fazem com que ele seja especialmente adequado para a transmissão da informação, que pode ser considerada como sua função principal: ele tem condições de transmitir a informação com maior rapidez do que qualquer outro meio.

O rádio foi o primeiro dos meios de comunicação de massa que deu imediatismo à notícia, graças à possibilidade de divulgar os fatos no exato momento em que eles ocorrem. Permitiu que o homem se sentisse participante de um mundo muito mais amplo do que aquele que estava ao alcance de seus órgãos sensoriais: mediante uma "ampliação" da capacidade de ouvir, tornou-se possível saber o que está acontecendo em qualquer lugar. Os fatos do mundo, e que "fazem esse mundo", podem chegar aos seus ouvidos assim que ocorrem. Como diz Walter Sampaio, o rádio "intrinsecamente coloca o ouvinte dentro daquela 'história que passa', no momento exato em que está passando e, extrinsecamente, abre-lhe a alternativa de acompanhá-lo".[1]

Para avaliar o grau de rapidez e eficiência dos meios eletrônicos diante de um fato de grande impacto, a SSCB & Lintas realizou uma pesquisa centrada no atentado ao Papa João Paulo II, ocorrido a 13 de maio de 1981. No fim de semana posterior ao atentado — dias 16 e 17 — foram entrevistadas, por telefone, 252 pessoas da cidade de São Paulo. O resultado mostrou que 94% dos entrevistados tomaram conhecimento da notícia no dia do atentado. Desses, 63% o fizeram via rádio, sendo 50% direta e 13% indiretamente, ou seja, por intermédio de alguém que se informara pelo rádio. E 54% dessas ou 35% do total de pessoas informadas no mesmo dia

---

1. Sampaio, Walter. *Jornalismo audiovisual*, p. 37.

do atentado tomaram conhecimento do fato até as 15 horas, isto é, duas horas e meia após o acontecimento. Os outros 37% foram informados pela televisão, dos quais 32% diretamente. O acompanhamento da notícia desde o momento em que ocorreu o fato até o final da noite foi feito basicamente por televisão — 29% — ou TV e rádio somados — 21%. Grande parte do público — 46% — declarou não ter feito qualquer acompanhamento.[2] O rádio mostra, pelos resultados dessa pesquisa, ser realmente o meio que domina pela rapidez de transmissão e alcance de público.

1. AS BARREIRAS

Mas a informação, que praticamente nasceu no instante mesmo em que se realizava a primeira emissão radiofônica, precisou percorrer um longo caminho para poder encontrar sua manifestação mais ampla dentro do meio. Por uma série de razões — seja de ordem jurídica ou político-econômica —, a transmissão da informação pelo rádio sempre encontrou barreiras dos mais diversos tipos. Por muito tempo, a improvisação predominou na elaboração das emissões informativas, sendo quase sempre esquecidas as características do próprio rádio que, a rigor, se opõe às teorias que o definem como incapaz de levar adiante uma comunicação de maior profundidade do que a simples transmissão do fato, sem permitir que o "contexto" desse fato possa ser apreendido. Talvez a real incapacidade quase sempre estivesse no desconhecimento, na falta de domínio da potencialidade do fenômeno radiofônico.

Outro fator que mostra, senão o desconhecimento, o menosprezo pelas características do rádio é a quase total ausência de uma infra-estrutura que permita realizar a tarefa de transmitir a informação: faltam equipamentos adequados e faltam recursos humanos especializados na grande maioria das emissoras brasileiras.

Muitas desculpas são apresentadas para justificar a situação. Entre elas, destaca-se a de que "jornalismo não dá lucro, é altamente deficitário", quando, na verdade, não é isso que ocorre: é necessário que sejam feitos investimentos iniciais para que o produto jornalístico a ser apresentado tenha qualidade, conseguindo assim o retorno publicitário.

O investimento é realmente elevado: a informação é o produto mais perecível que existe. Não dá para "reaproveitar" o investimento feito em equipamento, material e profissionais. A informação é trans-

---

2. Pesquisa mostra que rádio informa com mais rapidez que televisão. *Jornal do Brasil*, 2-6-81.

mitida uma única vez e, com aquela elaboração, deixa de existir. Para dar a seqüência do fato, é preciso continuar "investindo" para atualizá-lo a cada momento. Outros tipos de programas, como os musicais, permitem que o investimento — que às vezes acaba não existindo, já que muitas emissoras se limitam a transmitir o que é distribuído pelas gravadoras de discos e fitas — seja "reaproveitado", sendo apresentado em outras ocasiões.

A subordinação do radiojornalismo à direção artística das emissoras é apontada por alguns dos profissionais como sendo um de seus problemas fundamentais, permitindo que o conteúdo — assim como a própria existência — dos programas jornalísticos, dependa diretamente das decisões de profissionais que "não são do ramo", ou seja, não são jornalistas, mas que têm o poder de determinar se o jornalismo interessa ou não a determinado público. Aqui, retornamos mais uma vez à questão da especialização das emissoras como um todo ou com relação a determinadas faixas de horário da programação: parte-se do pressuposto que determinado público só está interessado em um conteúdo específico.

Importante também é o fato das emissoras ainda não se terem conscientizado de que a informação é realmente sua matéria-prima mais rica para cumprir a função principal do meio: informar. Ao contrário do que ocorre com os veículos impressos, que têm a informação como primordial, nas emissoras de rádio ela continua sendo vista como uma parcela "possível" dentro da programação, sendo muitas vezes encarada apenas como um "apêndice" para cumprir a determinação legal. O investimento publicitário acaba diluindo-se entre os diferentes setores, visando sempre a atender aqueles que, presumivelmente, consigam maior audiência.

O receio pela informação, existente na grande maioria das emissoras, é outro elemento a ser considerado. A legislação prevê sanções e penalidades diversas, dependendo do tipo de infração que seja cometido e, de maneira geral, é nos programas de cunho jornalístico que as possibilidades de punição estão mais presentes. A autocensura, que muitas vezes existe por excesso de zelo, acaba desvirtuando totalmente a potencialidade informativa do rádio.

A falta de profissionais qualificados também se apresenta como barreira. Em sua grande maioria, os profissionais são preparados pelas Escolas de Comunicação — que estão inclusive desaparelhadas para um ensino adequado de jornalismo, principalmente na área eletrônica — para atuar no jornalismo impresso, desconhecendo ou mesmo deixando de interessar-se pelo rádio e pela televisão. Dessa forma, acaba sendo necessário que as emissoras façam um "investimento" para habilitar o jornalista a bem desempenhar sua função no rádio e na televisão. O resultado, muitas vezes, confirma a posição do jornalista Paulo Mário Mansur: "O rádio e a televisão são muito importantes para o público, mas nem sempre quem produz as mensagens percebe essa importância".

As dificuldades enfrentadas pelo rádio para poder cumprir seu papel de informar são comuns também aos outros meios de comunicação de massa, que não estão imunes à ação das ideologias específicas que servem a interesses bem determinados. "Os limites dessa faixa de interesses vão desde a política empresarial do veículo de informação — que tenta assegurar a audiência e o lucro correspondente — até as diretrizes estabelecidas pelos órgãos governamentais — que asseguram a manutenção da ordem em que se apóia o sistema de Poder, passando também pelos interesses dos anunciantes que garantem a infra-estrutura econômica do veículo." [3]

2. AS PERSPECTIVAS

Os entraves ainda são muitos, mas parece que os empresários estão descobrindo que o jornalismo é rentável, trazendo lucros não apenas no sentido direto, mas também indireto, representado pelo prestígio que a emissora possa conseguir e que, por sua vez, favorece a obtenção de lucros diretos — mais investimentos publicitários. Por meio do prestígio, a emissora ganha credibilidade junto ao público e, com isso, maior audiência. O lucro indireto pode manifestar-se também sob o ponto de vista político, facilitando a convivência da emissora com o sistema de concessões: é importante que a empresa mantenha "boas relações" com os órgãos competentes para que o investimento possa ter maiores garantias. Todas essas formas de lucro acabam representando maior faturamento para a empresa de radiodifusão.

Aos poucos, a situação está mudando. Os profissionais da informação no rádio já têm sentido algumas alterações significativas. O jornalista Marco Antonio Gomes acredita que o jornalismo no rádio está voltando e, agora, já presente em diversas emissoras, os melhores profissionais começam a ser disputados. "O jornalismo, a cada dia, está-se tornando o setor mais importante do rádio, e acredito que nos próximos anos, aqui no Brasil, teremos emissoras como nos Estados Unidos que durante as 24 horas transmitem apenas notícias, notícias e notícias..." [4] Também José Paulo de Andrade, responsável pelo Departamento de Jornalismo da Rádio Bandeirantes, crê que a situação, mesmo lentamente, está sendo modificada. "Ainda é mais

---

3. Matriciano, Carmem Lúcia. Radiojornalismo e ideologia. In: *Comum*, Vol. 1, n.º 4, outubro/dezembro 1978, p. 69.
4. In: Vassoler, Ivani. O radiojornalismo volta à cena. *D.C.I.*, 30-1-1979.

fácil vender futebol do que jornal. A simples idéia de se criar um programa de esportes, ou então a transmissão de uma partida internacional, traz à emissora uma fila de anunciantes. Por outro lado, um projeto de jornal requer laudas e laudas de explicações, objetivos etc. Mas, de qualquer forma, o radiojornalismo depois de algum tempo de demora para ser implantado cresce com muita força." [5]

O rádio, potencialmente, está em condições de transmitir a informação mais rapidamente do que qualquer outro meio de comunicação de massa, mesmo a televisão que é também um meio eletrônico. Apesar de todos os seus recursos e possibilidades, a televisão sofre algumas restrições para competir com o rádio no campo da informação, que Mark Hall divide em quatro aspectos: [6]

a) o rádio é mais imediato, uma vez que a televisão é tecnologicamente mais complexa, necessitando de maior aparato para poder elaborar e transmitir a informação;

b) maior flexibilidade na programação, permitindo apresentar mais notícias, uma vez que os programas podem ser interrompidos com maior facilidade, sem outras implicações comerciais do que as ligadas à própria emissora que está transmitindo a informação;

c) o rádio pode dispensar mais atenção ao noticiário local, pois as emissoras são mais regionais do que as de televisão;

d) a TV pode mostrar as imagens de maior impacto, mas isso se a câmara estiver lá no momento exato da ocorrência; o rádio, por sua vez, pode recriar o impacto através de palavras, o que lhe dá maiores possibilidades para cobrir eventos imprevistos. A mobilidade alcançada com as unidades móveis de transmissão e a possibilidade de usar recursos como o telefone, aumentam em muito a eficácia do rádio.

Se acrescentarmos ao panorama até aqui apresentado o analfabetismo, que no Brasil ainda chega aos 25% oficialmente anunciados, torna-se nítido o fato de que "a mensagem radiofônica alcança força especial, já que atinge a uma grande população marginalizada econômica e culturalmente. Quando pensamos que 80% da população não lêem qualquer tipo de jornal, entendemos facilmente a ameaça que o rádio representa como agente de transformação social".[7]

---

5. *Ibid.*
6. Hall, Mark W. *Broadcast journalism — an introduction to news writing*, p. 18.
7. Matriciano, Carmem Lúcia. *Op. cit.*, p. 70.

IX.

A INFORMAÇÃO NO RÁDIO

Nos últimos tempos, têm sido atribuídas à palavra informação uma série de conotações — principalmente com relação aos meios eletrônicos —, adjetivando-a para que represente, também, outros tipos de mensagens que não as eminentemente jornalísticas. Assim, muitas vezes ouvimos "informação musical", "informação comercial" etc. Discussões à parte, vamos aqui considerar apenas um tipo de informação: a jornalística.

O objetivo da informação como mensagem radiofônica é manter o ouvinte a par de tudo o que de interesse e atualidade ocorre no mundo. Sob este ponto de vista, podemos considerar que "pertencem à informação todos os programas regulares de notícias, os ocasionais originados pela aparição de uma notícia de excepcional relevo e aqueles outros que têm como finalidade levar ao público um conjunto de conteúdos que estão presentes na atualidade sem serem atuais ao máximo. Desse modo, a informação radiofônica aparece como algo fluido e flexível, um todo dentro da sucessão de mensagens radiofônicas diárias, não como algo isolado dentro da programação, com horário mais ou menos fixo e duração determinada".[1]

1. INFORMAÇÃO E NOTÍCIA: CONCEITOS

Muitas divergências existem em torno dos conceitos de informação e de notícia, às vezes empregados como sinônimos, outras com especificações próprias. Genericamente, podemos considerar que informar "é dar a conhecer um conjunto de mensagens de atualidade (notícias), através dos distintos meios de comunicação.

---

1. Faus Belau, Angel. La radio: introducción al estudio de un medio desconocido, p. 210.

Existe um material de base — fatos, notícias, distintos entre si, mas que, agrupados, constituem o ser da informação, igual para todos os meios. As variações estão na seleção, valorização e técnica de elaboração de acordo com o meio que deve difundi-los".[2]

Nabantino Ramos considera informação e notícia como sinônimos, ressaltando porém que "pode-se dizer, com maior propriedade, que a informação é o conteúdo da notícia. Ou que a notícia veicula a informação".[3] Em outras definições, vamos encontrar também a estreita vinculação entre os dois conceitos. *Informação*: "Notícia comunicada a alguém ou ao público".[4] *Notícia*: "Relato de fatos ou acontecimentos atuais, de interesse e importância para a comunidade e capaz de ser compreendido pelo público", com a ressalva de que, segundo Fraser Bond, "a notícia não é um acontecimento, ainda que assombroso, mas a narração desse acontecimento" e, por extensão, notícia é "o conteúdo do relato jornalístico. O assunto focalizado pelos veículos informativos, para atingir o público em geral".[5]

José Luís Albertos define a notícia como sendo "um fato verdadeiro, inédito e de interesse geral que se comunica a grandes massas, depois de haver sido interpretado e avaliado".[6] Para Juarez Bahia, "a notícia, como a boa informação jornalística, deve reunir interesse, importância, novidade e veracidade", constituindo "o objeto mesmo da informação, sem a qual não há o que comunicar".[7]

Definições existem muitas, mas é preciso concordar com Nilson Lage, para quem nenhuma delas permite responder a uma pergunta simples: o que é notícia? Para ele, "a resposta depende de uma definição que dê conta da aparência, aspecto ou forma da notícia no jornalismo contemporâneo, abrindo caminho para um enfoque mais rigoroso de seu conteúdo. Com tal objetivo, podemos definir notícia como o relato de uma série de fatos a partir do fato mais importante, e este, de seu aspecto mais importante". Ele complementa a definição afirmando: "Permitimo-nos encarar a notícia como algo que se constitui de dois componentes básicos: a) uma organização relativamente estável, ou componente lógico, e b) elementos escolhidos segundo critérios de valor essencialmente cambiáveis, que se organizam na notícia — o componente ideológico".[8] Mesmo com esta definição, a pergunta continua sem resposta...

---

2. *Ibid.*, p. 210.
3. Ramos, José Nabantino. *Jornalismo — dicionário enciclopédico*, p. 136.
4. Rabaça, Carlos Alberto e Barbosa, Gustavo. *Dicionário de comunicação*, p. 261.
5. *Ibid.*, pp. 324-325.
6. Albertos, José Luís. *Guiones de redacción periodística II*. Pamplona, Instituto de Periodismo, 1962.
7. Bahia, Juarez. *Jornal, história e técnica*, pp. 175-177.
8. Lage, Nilson. *Ideologia e técnica da notícia*, pp. 36-37.

Se considerarmos que o fato só é notícia quando difundido pelos meios de comunicação, fica realmente muito difícil chegar a uma definição. O fato "vira" notícia, ou não, em função de uma série de interesses — principalmente político-econômicos — e em relação à objetividade/subjetividade de quem seleciona — e assim determina — o que é notícia. Avaliar o universo jornalístico disponível no momento é muito importante: um fato pode merecer maior ou menor destaque em função de outros fatos que ocorram no mesmo período. Em dias de "noticiário fraco", como fins-de-semana ou feriados, fatos que nunca seriam noticiados durante os dias úteis acabam recebendo destaque. Em contrapartida, fatos relevantes acabam sendo deixados de lado quando há outros muito "mais relevantes".

Consideramos a notícia como a base de toda a atuação informativa. Dependendo do tratamento que receba na elaboração da mensagem, a notícia pode apresentar-se:

a) *em sua forma pura,* limitada ao relato simples do fato em sua essência;

b) *em sua forma ampliada,* incluindo-se aí reportagens e comentários, tanto interpretativos como opinativos.

2. A MENSAGEM INFORMATIVA

Existe apenas uma informação para ser difundida tanto pelos veículos impressos como pelos eletrônicos. No rádio, a informação vai apresentar características próprias, sem contudo perder sua identificação com o conteúdo a ser informado. A diferenciação deve ser entendida unicamente em função do meio específico e da técnica mais adequada a ele e não como se existisse uma parcela específica de informação para cada meio. O que pode ocorrer é a aparição eventual de acontecimentos que melhor se adaptam para serem transmitidos por um ou por outro meio.

A notícia no rádio tem estrutura semelhante a outras mensagens radiofônicas: embora a informação tenha conteúdo e natureza diferentes das demais, está sujeita à linguagem do meio, devendo adequar-se a suas características. E algumas das características do rádio permitem que seja especialmente apto para a transmissão da informação, destacando-se, entre elas, o imediatismo e a mobilidade.

3. DIFUSÃO DA INFORMAÇÃO

A difusão da informação no rádio pode ocorrer sob diferentes formas, sendo a mensagem estruturada em função da oportunidade, conteúdo e tempo empregado na emissão. Basicamente, podemos classificar as transmissões informativas nas seguintes categorias:

a) *flash*: acontecimento importante que deve ser divulgado imediatamente, em função de sua oportunidade. Não faz parte de nenhum programa específico, podendo participar de todos eles. Nem sempre responde às perguntas fundamentais do jornalismo — que, quem, quando, onde e como. O tempo empregado na emissão é muito curto, apenas o necessário para informar que o fato está ocorrendo, sem outros pormenores;

b) *edição extraordinária*: também se refere a acontecimentos importantes, cuja divulgação é oportuna, interrompendo qualquer programa. Neste caso, a notícia já é apresentada com maiores pormenores — se considerarmos a emissão toda —, sendo normalmente mais longa do que o *flash*. De acordo com a importância do fato, a emissora pode interromper toda a sua programação e ficar informando sobre o acontecimento enquanto houver novidades a apresentar.

Tanto o *flash* como a extraordinária podem ser emitidos do estúdio ou diretamente do "palco da ação",[9] com texto redigido ou improvisado. Não possuem característica musical própria para a abertura ou encerramento de cada edição, havendo vinhetas-padrão para todas as emissões desse tipo. Em qualquer dos casos, os fatos divulgados podem referir-se a eventos inesperados ou já previstos, mas que devem ser transmitidos no momento de sua ocorrência. A linguagem utilizada é determinativa, aproximando-se da das manchetes. Se a transmissão da edição extraordinária se torna muito longa, a linguagem tende a perder o caráter determinativo, assumindo o aspecto de uma narração do que está acontecendo no momento. Esses dois tipos de difusão da informação são mais utilizados por emissoras que têm sua preocupação voltada para o jornalismo de natureza "substantiva".[10]

c) *especial*: programa que analisa um determinado assunto, seja por sua grande importância e atualidade, seja por seu interesse histórico. Pressupõe pesquisa aprofundada sobre o tema, tanto no que diz respeito às informações textuais como às sonoras, principalmente as entrevistas. A rigor, sua emissão deveria ser ocasional, diretamente ligada à ocorrência de um fato que mereça, por sua

---

9. Por "palco da ação" entenda-se o local do acontecimento que deu origem à notícia, envolvendo seus participantes diretos e indiretos.
10. A respeito dos conceitos de jornalismo de natureza "adjetiva" e de natureza "substantiva", vide Sampaio, Walter. *Jornalismo audiovisual*, p. 72. O autor apresenta os conceitos com relação ao jornalismo televisionado, mas eles podem facilmente adaptar-se ao jornalismo radiofônico, uma vez que envolvem a presença, ou não, do "palco da ação", ou seja, a emissão direta do local do acontecimento.

importância, um tratamento especial ou pela comemoração de uma data de importância histórica. Mas o programa especial pode também ser apresentado com periodicidade fixa, escolhendo-se fatos importantes para serem analisados em cada uma de suas edições. A produção de um especial é geralmente mais elaborada que os demais programas informativos apresentados no rádio. Uma variante do especial é o programa, geralmente semanal, que analisa, com maior profundidade, os principais acontecimentos do período informativo;

d) *boletim*: noticiário apresentado com horário e duração determinados, com característica musical de abertura e encerramento, texto elaborado — *script* — e montagem dos assuntos a serem tratados, que podem abranger tanto o noticiário local como o nacional e internacional. Tem por função manter o ouvinte informado sobre os acontecimentos mais importantes entre uma emissão e outra. Normalmente é apresentado a cada trinta minutos ou de hora em hora. A duração média da emissão — incluindo os intervalos comerciais — é de três a cinco minutos. Não apresenta pormenores dos acontecimentos, limitando-se a informar sobre os fatos;

e) *jornal*: é o tradicional "jornal falado" das emissoras, que tem por função cobrir o último período informativo entre uma emissão da espécie e outra. Apresenta assuntos de todos os campos de atividade, estruturados em "editorias". Contém informações mais detalhadas dos fatos e, nos casos das emissoras que levam o "palco da ação" ao ouvinte, reportagens, tanto gravadas como ao vivo. Os comentários — interpretativos ou opinativos — também podem estar presentes, assim como os editoriais. Sua duração varia, em média, de 15 minutos a uma hora, havendo, hoje em dia, jornais com até duas horas e meia de duração. Precisa ser rigorosamente elaborado, com o *script* bem estruturado, para que possa ir ao ar sem sobressaltos. Possui características de abertura e encerramento, vinhetas de passagem etc. É apresentado em horários que, potencialmente, são considerados os mais adequados para esse tipo de emissão: pela manhã, entre seis e nove horas; ao meio-dia, entre 12 e 14 horas; no final da tarde, entre 18 e 19 horas; e à noite, entre 22 e 24 horas. Possui duração e periodicidade fixas;

f) *informativo especial*: informações sobre fatos de um mesmo campo de atividade, em que apenas interessam as notícias referentes àquele setor. O caso mais comum é o dos noticiários esportivos. Em função do conteúdo e da duração, pode ter características de boletim ou de jornal. O informativo especial pode ser programa que tenha existência predeterminada em função do assunto tratado — só existe enquanto aquele assunto está em evidência, como é o caso do Campeonato Mundial de Futebol — ou pode ser permanente, ficando no ar enquanto interessar à estrutura burocrática da emissora. Tanto em um caso como em outro, possui periodicidade e duração fixas enquanto estiver no ar;

g) *programa de variedades*: sem estar diretamente ligado à atualidade, pode conter a informação de interesse presumível para público a que se destina, intercalada entre música, humor etc. São as entrevistas de orientação, esclarecimentos sobre possíveis dúvidas presentes no dia-a-dia dos ouvintes, a prestação de serviço etc.

4. NÍVEIS DE INFORMAÇÃO

Faus Belau afirma que existem cinco níveis de informação no rádio, níveis estes que não supõem especialização, seja na audiência ou no conteúdo, mas que têm seu fundamento na eficácia da mensagem, de acordo com o interesse próprio de cada conteúdo: [11]

1.º nível: fórmula mais pura de informação no rádio, ou seja, a notícia emitida assim que se tenha conhecimento da ocorrência do fato. É composto exclusivamente por notícias relevantes ou de grande interesse público. Trata-se de uma emissão sem periodicidade fixa, ocasional, que começa e termina em si mesma, não fazendo parte de nenhum programa, podendo estar presente em todos eles. Interessa, nesse caso, dar a conhecer a notícia com a máxima rapidez possível. É o nível do *flash* e das edições extraordinárias;

2.º nível: determinado pela aparição ocasional de grandes notícias, promotoras de espaços informativos especiais, cuja finalidade é tratar o fato do modo mais complexo possível, dando-lhe enfoque histórico ou recompondo os acontecimentos e avaliando seu significado. É, teoricamente, o nível mais denso de conteúdo, mas também o mais ocasional. São os especiais, cujo fato que lhes dá origem certamente motivou *flashes* e edições extraordinárias;

3.º nível: conjunto de notícias selecionadas, avaliadas e tratadas em um primeiro estágio informativo. Não participa dele outro gênero jornalístico que não seja o informativo, tendo periodicidade e técnicas próprias. É o que entre nós, convencionamos chamar de boletim;

4.º nível: pressupõe um tratamento mais profundo da informação, uma seleção valorativa de notícias por períodos mais amplos de tempo. Os comentários podem estar presentes. A sucessão das informações está ordenada por um esquema que segue, fundamentalmente, a atualidade diária, mas que também tem presente a do dia anterior e se projeta no seguinte. Sua periodicidade é fixa. São os nossos "jornais falados";

---

11. Faus Belau, Angel. *Op. cit.*, pp. 211-212.

5.º *nível*: a informação, neste caso, está integrada com outros assuntos não propriamente jornalísticos, que servem de pretexto para manter o interesse do programa. São os programas de diferentes tipos que intercalam informações nem sempre ligadas à atualidade mais próxima, mas às vezes já remota, porém adequada ao contexto do campo de interesse do programa de variedades.

Esses níveis, pela ordem em que são apresentados, pressupõem interesse e atualidade decrescentes. A informação tanto pode ser transmitida com periodicidade fixa como ocasional. Neste caso, promovida pelo desenrolar dos fatos, a programação prevista cede lugar à informação que acompanha os acontecimentos do momento, não apenas em relação aos fatos inesperados, mas também aos conhecidos de antemão, levando a uma utilização plena das fontes de informação e dos recursos técnicos e humanos disponíveis na emissora.

Os cinco níveis são importantes para que o ouvinte possa acompanhar os acontecimentos. O imediatismo na transmissão é fundamental para atender aos objetivos do rádio, mas também são importantes os noticiários com periodicidade fixa, que permitirão a quem não possa ouvir rádio o dia todo saber quando poderá encontrar reunidos os fatos que, ao menos teoricamente, foram os mais importantes. Assim como são importantes os programas especiais, que podem apresentar uma visão mais analítica, tanto a nível retrospectivo quanto projetivo.

5. ESTRATÉGIA DE PROGRAMAÇÃO E INFORMAÇÃO

Existem diversas fases no processo de transmissão da notícia em rádio, desde o momento em que a ocorrência do fato chega ao conhecimento da equipe de jornalismo da emissora até a sua divulgação para os ouvintes. Esse processo apresenta variações, muito mais em função dos objetivos pretendidos pela emissora com a transmissão da informação do que com relação a suas realidades operacionais. Basicamente vamos encontrar dois tipos de postura que as emissoras podem assumir, determinados pela estratégia de programação adotada:

a) a transmissão da informação encarada como um apêndice da programação, apenas para cumprir a lei; [12]

---

12. O Código Brasileiro de Telecomunicações, instituído pela Lei n.º 4.117, de 27 de agosto de 1962, determina, em seu Capítulo V, art. 38, letra *h*: "as emissoras de radiodifusão, inclusive televisão, deverão cumprir sua finalidade informativa, destinando um mínimo de 5% (cinco por cento) de seu tempo para a transmissão de serviço noticioso".

b) a informação constituindo a "espinha dorsal" da programação da emissora.

As emissoras cuja "espinha dorsal" da programação está voltada para o jornalismo, são aquelas que não apenas dedicam os maiores espaços de tempo à notícia, seja através de noticiários regulares,[13] seja através das edições extraordinárias,[14] como a própria organização técnico-funcional da emissora está voltada para esse fim, baseada no binômio equipamento-profissionais. Para que possam executar a tarefa de transmitir a informação nessas condições, essas emissoras possuem equipes jornalísticas estruturadas, capazes de trazer o "palco da ação" do acontecimento até o ouvinte, utilizando para isso os mais modernos recursos tecnológicos.

Via de regra, as emissoras que dão maior destaque à informação, são as que transmitem em AM (Amplitude Modulada — Ondas Médias). No extremo oposto, as FM (Freqüência Modulada), geralmente apenas cumprem a lei no que diz respeito aos programas jornalísticos.

Entre esses dois extremos encontramos vários graus intermediários da presença da notícia nas emissoras, fato que repercutirá no produto final que será apresentado ao público.

Nas emissoras que se situam no primeiro caso, a predominância do jornalismo de natureza "adjetiva" é a tônica marcante. Gradativamente, conforme a postura da emissora encaminha-se em direção ao segundo tipo, o jornalismo de natureza "substantiva" passa a se manifestar de forma cada vez mais predominante. O jornalismo de natureza "substantiva" encontra sua manifestação máxima na emissão direta,[15] cumprindo na íntegra uma das características básicas da mensagem radiofônica: o imediatismo. Para a notícia, isso representa o mais alto grau de atualidade possível, tendendo muitas vezes

---
13. Por "noticiários regulares" entenda-se aqueles com periodicidade fixa, previstos dentro da programação da emissora.
14. Por "edições extraordinárias" entenda-se aquelas não previstas, que interrompem a programação normal da emissora e, como tal, não possuem periodicidade. Via de regra, nestes casos, a atualidade está ligada à maior simultaneidade possível. Nos tempos atuais, uma "edição extraordinária" já não causa mais tanta sensação e interesse como há alguns anos, principalmente nos áureos tempos do "Repórter Esso", em que o ouvinte tinha a certeza de que, se uma extraordinária fosse anunciada, a notícia que viria a seguir seria realmente muito importante para os destinos do país, se não do mundo. Atualmente, as extraordinárias surgem em função da oportunidade de transmissão do fato, ligada à preocupação das emissoras de se mostrarem atentas, 24 horas por dia, aos fatos e transmiti-los no momento em que são importantes, mesmo que essa importância seja meramente circunstancial.
15. Por "emissão direta" entenda-se aquela que é feita ao vivo, simultaneamente ao acontecimento, em que o emissor — no caso, o jornalista responsável pela transmissão — elabora a mensagem conforme o desenrolar dos

à simultaneidade com o próprio "palco da ação". Também podemos considerar como sendo de natureza "substantiva", mas já em menor grau, as notícias transmitidas por emissão indireta,[16] uma vez que a presença do "palco da ação" esteja assegurada, por intermédio da reportagem.

Quanto ao jornalismo de natureza "adjetiva", quando se manifesta em seu grau máximo, implica programas noticiosos totalmente elaborados na redação, muitas vezes tendo como fontes de notícia os jornais impressos do dia, trazendo informações que, se são válidas para os veículos impressos, não têm mais sentido para o rádio, fugindo a suas características específicas como meio, uma vez que o imediatismo estará totalmente ausente: não se trata mais de discutir a defasagem de tempo ocorrida entre os acontecimento e sua transmissão em termos de "horas", mas, sim, em termos de "dias", uma vez que as notícias apresentadas pelos jornais impressos ocorreram, no mínimo, no dia anterior.[17]

Podemos fazer uma comparação com os conceitos de "território" e "mapa", emitidos por Hayakawa. "Território" representa "o mundo de primeira mão", os acontecimentos que estão diretamente diante de nossos sentidos e, "mapa", representa os conhecimentos que recebemos verbalmente, "relatos" feitos por pessoas que presenciaram o fato e que, muitas vezes, são apenas "relatos de relatos de relatos, que afinal vão ter aos relatos de primeira mão, feitos por pessoas que foram testemunhas oculares do acontecimento". Junto a esses "relatos", recebemos também as "inferências" feitas sobre os "relatos", ou até "inferências feitas sobre outras inferências", fazendo com que o material original — o fato — muitas vezes chegue deturpado — seja voluntariamente, com intenções específicas, ou não.[18]

A partir desses conceitos, podemos dizer que no caso do jornalismo de natureza "substantiva", estamos fazendo o "mapa" por intermédio do "relato de primeira mão", pela observação do jornalista presente ao local. No jornalismo de natureza "adjetiva", o "mapa" está sendo feito baseado em outros "mapas", em "relatos de relatos

---

acontecimentos e o receptor — público — recebe a informação imediatamente, sem defasagem maior de tempo do que a necessária para essa elaboração verbal da mensagem, que está, inclusive, sujeita à emocionalidade do "palco da ação".
16. Por "emissão indireta" entenda-se a existência de uma defasagem no tempo transcorrido entre a realização da reportagem e sua transmissão.
17. Em seu grau máximo de natureza "adjetiva", o jornalismo pode chegar a níveis extremos, muito bem representados na frase do jornalista Walter Sampaio: "Notícias mortas, frias, geladas, que são autopsiadas pela *gillette press*".
18. Hayakawa, S.I. *A linguagem no pensamento e na ação*. Os conceitos de "mapa" e "território" estão especificados nas páginas 21 a 23.

de relatos", com maiores possibilidades de sofrer "inferências" de todos os tipos, passando pelas mãos de muitos intermediários, cada qual com sua subjetividade e seus interesses específicos.

6. TRANSMISSÃO DA INFORMAÇÃO

A transmissão da informação exige que as emissoras possuam um mínimo de condições em três níveis básicos: equipamento, profissionais e acesso às fontes de informação.

A. Equipamento

Com relação ao equipamento, máquinas de escrever (e papel) são essenciais. Caso a emissora esteja entre as que só praticam o jornalismo de natureza "adjetiva", não disporá de maiores recursos do que os necessários para a transmissão de qualquer programa. As informações são apresentadas sob a forma de textos, redigidos para serem lidos ao microfone pelo locutor. Conforme a emissora se vá encaminhando em direção ao jornalismo de natureza "substantiva", vai surgindo a necessidade de existir equipamento apropriado.

Primeiro: gravadores, para que os repórteres possam realizar reportagens e entrevistas, que poderão ser colocadas no ar na íntegra ou editadas (seleção dos trechos mais adequados, que são remontados em outra fita para serem apresentados).

Segundo: para que a emissora possa transmitir diretamente do local do acontecimento, ao vivo, será necessário que ela disponha de unidades móveis de transmissão — as viaturas de FM — através das quais o repórter pode colocar no ar a sua informação no momento em que a está elaborando.

Outro recurso importante, muito utilizado em rádio, é o telefone, que não apenas serve para "levantar e checar" informações, como é muito útil para a realização de entrevistas, que poderão ser gravadas na emissora ou, então, colocadas no ar ao vivo.

B. Profissionais

O número e a especialização dos profissionais necessários para a realização da tarefa de elaborar e transmitir a informação que será dada ao público varia de uma emissora para outra. Com relação à transmissão em si, a presença dos profissionais da área técnica, como operadores de áudio, técnicos de manutenção eletrônica etc., é indispensável. A elaboração da mensagem jornalística, em todo o seu processo, é atribuição do jornalista, o que está previsto na lei que dispõe sobre o exercício da profissão. O Decreto n.º 83.284, de 13 de março de 1979, que dá nova regulamentação ao Decreto-Lei n.º 972, de 17 de outubro de 1969, em decorrência das alterações introduzidas pela Lei n.º 6.612, de 7 de dezembro de 1978, em seu artigo 3.º, § 1.º, explicita que "equipara-se à empresa jornalística a seção ou serviço de empresa de radiodifusão, televisão ou divulgação cinematográfica, ou de agências de publicidade ou de notícias, onde sejam exercidas as atividades previstas no artigo 2.º", que se refere às atividades privativas da profissão de jornalista. No artigo 11, são descritas as funções desempenhadas pelos jornalistas como empregados. As funções descritas na lei, nem sempre se adaptam à realidade e especificidade do trabalho em sua prática diária, fato que para os meios eletrônicos — rádio e televisão —, é bastante notório.

No rádio, a tarefa de transmitir a informação requer a presença do radialista, principalmente no que diz respeito às funções técnicas. O Decreto n.º 84.134, de 30 de outubro de 1979, regulamenta a Lei n.º 6.615, de 16 de dezembro de 1978, que dispõe sobre a regulamentação da profissão de radialista, apresentando "os títulos e descrições das funções em que se desdobram as atividades dos radialistas". Apesar da descrição das funções ser mais detalhada do que aquela que existe na regulamentação da profissão de jornalista, trouxe uma certa perplexidade às empresas e aos profissionais, visto que algumas das funções de radialistas entram em choque com as de jornalistas. Tanto a regulamentação profissional dos jornalistas, como a dos radialistas, deixam muito a desejar, merecendo ambas um aperfeiçoamento que as aproxime da realidade da prática profissional.

Nas empresas em que predomina o jornalismo de natureza "adjetiva", a equipe é muito reduzida. Já nas emissoras que estão mais voltadas para o jornalismo de natureza "substantiva", o quadro profissional mostra uma maior complexidade, mesmo que a rigorosa divisão de funções ainda seja pouco comum, ao contrário do que ocorre no jornalismo impresso. Só recentemente é que as emissoras começaram a se preocupar em possuir profissionais especializados, que possam, por exemplo, emitir comentários sobre economia ou política com conhecimento de causa. Os repórteres, via de regra, precisam estar preparados para trabalhar com todo e qualquer assunto, em prejuízo da qualidade da informação a ser apresentada ao público. Tradicionalmente, as emissoras só têm jornalistas especializados para assuntos policiais e esportivos. Quanto aos redatores e editores, a divisão que normalmente existe é quanto ao noticiário local, nacional e internacional.

Mas, aos poucos, vão sendo criadas, na prática, funções originadas pela especificidade da mensagem radiofônica que precisa ser respeitada para que a mensagem informativa possa ser eficiente. De maneira geral, são as seguintes as funções que podem ser encontradas no departamento de jornalismo das emissoras:

1) *setorista*: trabalha em local determinado — setor —, onde costumam acontecer fatos que podem originar notícias. O setorista deve, além de fazer o acompanhamento diário do setor, sugerir pautas à redação, uma vez que, mantendo-se em posto fixo, encontra maiores facilidades para contatos e para levantar assuntos que possam interessar. Em princípio, o setorista deve estar sempre atento para não deixar escapar nenhuma informação importante de seu setor. No caso do rádio, as informações levantadas pelo setorista podem: a) dar origem a pautas que serão cobertas por repórteres; b) dar origem a textos a serem lidos por locutores; c) informações transmitidas de viva voz pelo setorista, que podem ser levadas ao ar ao vivo ou através de gravação. Os setoristas atuam em locais que apresentam condições próprias para centralizar situações que possam motivar assuntos de interesse para a comunidade, como aeroporto, polícia, órgãos governamentais, departamento rodoviário etc.;

2) *radioescuta*: tem por função ouvir outras emissoras para saber o que elas estão noticiando. São selecionadas algumas emissoras — tanto locais quanto de outros estados e países — e os noticiários dessas emissoras são gravados, transcritos e distribuídos à redação. É uma maneira de receber, rapidamente, informações do que está ocorrendo em lugares distantes e de acompanhar emissoras concorrentes na própria cidade. Geralmente, o radioescuta também fica encarregado de checar a veracidade das informações;

3) *redator*: sua função básica é redigir, mas em certas ocasiões também seleciona as notícias e revisa o texto, principalmente no caso dos boletins;

4) *editor*: o editor tem sob sua responsabilidade uma série de funções. Seleciona as matérias de sua editoria, revisa, faz a montagem e redige. A rigor, ele também tem a função de determinar tempos para cada matéria e sugerir chamadas;

5) *editor do horário*: em cada período — manhã, tarde, noite, madrugada — alguém se responsabiliza pelo departamento de jornalismo — sob o ponto de vista jornalístico e não administrativo. Este poder, entretanto, não é exercido quando da presença do editor-chefe ou do chefe de reportagem, que se sobrepõem aos demais editores;

6) *editor de reportagem*: recebe as reportagens gravadas e, depois de ouvi-las, procede aos devidos cortes, de acordo com a

importância da matéria e, em alguns casos, por outras necessidades — implicações políticas, econômicas, má qualidade técnica, redundância da informação etc. O editor de reportagem também redige o texto de introdução (e/ou ligação) para as reportagens que editou;

7) *editor do jornal*: tem a palavra final quanto ao conteúdo do jornal pelo qual é responsável — salvo casos excepcionais, quando houver determinação superior. É ele quem decide quais as matérias que serão apresentadas, sua ordem de entrada e importância — tempo destinado a cada uma — e a angulação a ser adotada. Além disso, o editor do jornal faz a coordenação, acompanhando o jornal no ar e determinando alterações, sempre que necessário;

8) *editor-chefe*: é aquele que faz o "acompanhamento" da linha editorial adotada pela emissora. Na maioria dos casos, é quem realmente comanda a redação, resguardando o chefe do departamento para as "grandes decisões". Eventualmente, redige e participa de coberturas;

9) *chefe do departamento*: ou diretor do departamento. Trata da parte administrativa, como contratações, verbas etc., esquematiza coberturas e define a linha editorial, que deve ser seguida pelo departamento, principalmente pelos editores. Em algumas oportunidades, participa de grandes coberturas como repórter ou como coordenador;

10) *chefe de reportagem*: função que representa o ponto nevrálgico de um departamento de jornalismo. É quem determina quais os assuntos a serem cobertos pela reportagem o que, em última análise, representa o material mais importante nas emissoras preocupadas em apresentar um jornalismo mais atuante. Geralmente faz também o papel de pauteiro, função raramente encontrada nas emissoras de rádio;

11) *assistente de chefia de reportagem*: auxilia o chefe de reportagem em suas tarefas, distribui pautas, recebe as matérias dos repórteres, encaminha-as aos editores, faz contatos, marca entrevistas etc.;

12) *pauteiro*: seleciona assuntos que poderão render reportagens, sugere enfoques e indica pessoas a serem entrevistadas. Trabalha em estreita vinculação com o chefe de reportagem;

13) *repórter*: é o responsável pela cobertura dos assuntos, deslocando-se até onde está a notícia. Coleta informações, realiza entrevistas, elabora a mensagem informativa. Em rádio, é necessário que o repórter saiba verbalizar bem, falar de improviso e ter boa dicção para que o ouvinte possa entender as mensagens. Seu trabalho tanto pode ser gravado para posterior apresentação, como ir ao ar em transmissão direta, ao vivo. Normalmente, recebe uma pauta

para cumprir. Mas, às vezes, pode "sair à rua" buscando a informação;

14) *correspondente*s em outras cidades, estados ou países. Responde pela cobertura do noticiário em sua região de atuação, dispondo, em geral, de relativa autonomia para trabalhar. Mas, em alguns casos, também é pautado pelo departamento de jornalismo;

15) *enviado especial*: jornalista, geralmente com boa experiência em reportagem e/ou edição, que é enviado para a cobertura de um determinado acontecimento considerado importante pela emissora;

16) *locutor*: a ele cabe a leitura dos textos preparados pela equipe de jornalismo, o *script*. Muito de responsabilidade está em suas mãos — ou melhor, em sua voz, pois é através dela que a informação chega até o ouvinte. A leitura correta, a interpretação exata, é fundamental para que a mensagem não seja deturpada. A função de locutor é, na prática, desempenhada tanto por jornalistas como por radialistas;

17) *comentarista*: jornalista especializado em determinado assunto — o que, infelizmente, nem sempre acontece, havendo comentaristas que acabam emitindo pareceres sobre tudo, sem dominar nada —, cabe-lhe a interpretação de fatos da atualidade para que o ouvinte possa compreendê-los melhor, ou, então, a emissão de opiniões sobre esses fatos. Deve abordar os assuntos mais importantes, improvisando suas falas;

18) *apresentador*: via de regra, não lê textos, apresentando os programas apenas com um "roteiro" dos conteúdos previstos. Tem condições de analisar, comentar e opinar sobre os fatos que está apresentando, com liberdade de ação. Também realiza entrevistas e coordena debates no próprio estúdio;

19) *analista*: é o jornalista contratado para fazer crônicas ou textos sobre assuntos específicos, estabelecendo a ligação dos acontecimentos;

20) *pesquisador*: quando existe na emissora, tem por função atualizar as informações e levantar dados complementares de um determinado fato. Via de regra, as emissoras não estão aparelhadas com um centro de documentação — informações textuais e sonoras —, que tenha por objetivo enriquecer o noticiário do dia-a-dia e permitir a elaboração de programas especiais bem fundamentados. Geralmente existe um arquivo de sonoras (entrevistas, depoimentos), raramente bem organizado e com manutenção adequada. Na maioria dos casos, os programas que requeiram pesquisa são resultado do esforço individual, da procura de informações complementares por conta própria (às vezes até em arquivos pessoais) e da "memória"

dos profissionais, tanto dos jornalistas quanto dos membros da equipe técnica, principalmente os sonoplastas.

A existência de um setor de pesquisa junto ao departamento de jornalismo de uma emissora contribuiria para a elaboração de pautas, fornecimento de subsídios aos repórteres, editores, redatores etc., assim como para o levantamento de assuntos originais e a indicação de especialistas que poderiam ser entrevistados, de acordo com os assuntos em pauta.

Algumas funções têm contornos pouco definidos em muitos aspectos, chegando a sobreporem-se umas às outras. A delimitação específica de cada função — assim como a sua presença — está sujeita aos critérios de cada emissora.

Na prática, apesar de estarem registrados em apenas uma, muitos jornalistas desempenham mais de uma função na emissora, prevalecendo geralmente acúmulos como editor/redator, chefe de reportagem/pauteiro, editor/locutor, editor/apresentador, editor/redator/comentarista, chefe de reportagem/editor/apresentador etc. Outro fato a merecer destaque é a existência de profissionais que são responsáveis por mais de um programa dentro da mesma emissora.

C. *Fontes de informação*

Com algumas diferenças, as fontes de informação são iguais para todos os meios de comunicação de massa. O que vai ser diferente é o tratamento dado ao material, para que a mensagem seja elaborada de acordo com as características do meio específico, aproveitando ao máximo suas potencialidades. As principais fontes podem ser asim divididas:

1) *agência de notícias*: canal importante pela rapidez e quantidade de material que pode fornecer, tanto a nível nacional quanto internacional. As agências noticiosas transmitem, aos vários veículos de informação, cobertura diária dos fatos que ocorrem no mundo. Por meio de contratos, fornecem despachos com textos e fotografias, filmes noticiosos para a TV, gravações para rádio e mesmo a interpretação das notícias, artigos e histórias em quadrinhos. Utilizam os mais modernos recursos de comunicação, como redes de teletipos, radiofotografias e, com o uso do telex, são capazes de enviar um boletim informativo a 80 países em menos de um minuto. As agências de notícias brasileiras estão ligadas a complexos empresariais de comunicação que englobam jornais diários e emissoras de rádio e televisão: *O Estado de S. Paulo, Jornal do Brasil, O Globo*. A nível internacional, as agências mais utilizadas pelos veículos de informação brasileiros são: UPI — United Press International; AP — Associated Press; AFP — Agence France Presse e

Latin — Agência Latinoamericana de Información, que atua em conjunto com a Reuters Limited;

2) *informantes próprios*: é a equipe de profissionais da emissora encarregada da coleta de informações. Estão incluídos neste item setoristas, correspondentes, repórteres e a chefia de reportagem;

3) *serviço de escuta*: consiste em ouvir outras emissoras, para saber o que elas estão transmitindo. É uma fonte importante pela rapidez com que se pode ter conhecimento de fatos que estão acontecendo em locais geograficamente muito distantes;

4) *publicações*: jornais e revistas, assim como outras publicações de organismos oficiais ou particulares, podem constituir fontes importantes, fornecendo novos ângulos de interesse para a abordagem de assuntos, ou subsídios para a ampliação e aprofundamento de notícias. Infelizmente, muitas vezes, os veículos impressos ainda são tomados pelo rádio como as únicas fontes, invertendo totalmente as características dos meios, deixando de utilizar uma de suas características que o torna especialmente indicado para a atuação informativa: o imediatismo. A *gillette-press* continua presente nas redações;

5) *press-release*: material de divulgação elaborado por assessorias de imprensa ou de relações públicas, tanto de organismos estatais como privados. Essas informações, muitas vezes, podem constituir fonte para a elaboração de matérias que interessem à comunidade. O *release* pode chegar às redações via telex, entrega pessoal ou pelo correio;

6) *informantes ocasionais*: informações prestadas pelo público em geral ou por indivíduos diferenciados, que podem dar origem a matérias. Na maioria das vezes, essas informações estão ligadas a reivindicações quanto a melhorias na prestação de serviços públicos, emergências médicas etc. Chegam à redação por telefone, carta ou pelo informante, que se apresenta pessoalmente à emissora. Esta é uma fonte possível de informações que precisa ser muito bem avaliada. Muitas vezes os informantes — principalmente os diferenciados — participam de um jogo de interesses sobre o qual não se tem muito controle, que pode estar voltado unicamente para a promoção de interesses específicos de indivíduos ou grupos que tentam utilizar os veículos de comunicação para atingir seus objetivos.

7. SELEÇÃO DE NOTÍCIAS

O material que chega por intermédio de todas essas fontes vai ser o universo jornalístico do qual serão selecionadas as notícias que a emissora divulgará para os ouvintes. Após selecionada, a notícia é elaborada para adequá-la ao veículo — seja mediante a realização de reportagens ou da redação de textos a serem lidos pelo locutor — e transmitida. Esta é uma fase crítica do processo: que notícias, do universo que chega à redação, são dadas a conhecer para os ouvintes, uma vez que "toda decisão de comunicar qualquer coisa é, ao mesmo tempo, uma decisão de excluir tudo o mais. Disto, o que resulta é a soma de diferentes pressões concorrentes que formam uma série de barreiras".[19]

O jornalista — em qualquer veículo de comunicação de massa — vive em clima de intensa concorrência, sofrendo pressões de diferentes níveis: pessoais, profissionais, sociais, institucionais. "Quando, entre todas as mensagens disponíveis de serem utilizadas, somente um elemento ínfimo pode ser selecionado para ser transmitido, uma análise realista não se pode concentrar na questão de saber se houve ou não supressões; antes, é preciso procurar quais são os sistemas de pressões e inibições que determinam a escolha".[20]

Os critérios teóricos que normalmente são apresentados para a seleção de notícias, entre os quais se destacam importância, interesse, abrangência, impacto, atualidade, conseqüência, proximidade, honestidade, exatidão, identificação, ineditismo, oportunidade etc., e que são repetidos por todos os jornalistas, quando inquiridos sobre os "seus critérios" de seleção, estão, na realidade, sujeitos aos interesses do grupo que detém o poder. A notícia sofre uma série de triagens, em que os critérios de seleção reais estão voltados em primeiro lugar para os aspectos jurídicos, políticos e econômicos. Só depois da notícia ser por eles aprovada é que pode ser submetida aos chamados "critérios jornalísticos" e às triagens motivadas por gostos pessoais dos que momentaneamente detêm o poder de selecionar. "Do acontecimento em estado puro até sua veiculação, a notícia sofre diferentes intervenções que transformam sua fisionomia inicial. De início, as fontes de informação podem ter seu acesso vedado, o que mataria a notícia ainda em sua gestação. A própria escolha das agências de notícias já implica numa opção ideológica. Chegando às fontes, a decisão do que vai ou não vai ser veiculado corresponde a um peneiramento das notícias onde, nem sempre, o joio e o trigo são reconhecidos, ultrapassados que são pelo jogo de interesses... Depois de vencidos estes estágios, chega-se à fase de tratamento jornalístico da notícia." [21]

---

19. Gerbner, George. Poder institucionalizado e sistemas de mensagens. In: Moles, Abraham A. *et alii, Civilização industrial e cultura de massas*, p. 79.
20. *Ibid.*, p. 79.
21. Matriciano, Carmem Lúcia. Radiojornalismo e ideologia. In: *Comum*, Vol. 1, n.º 4, outubro/dezembro 1978, p. 69.

Sabemos que as notícias sofrem várias triagens antes de chegarem à redação da emissora de radiodifusão. Se analisarmos cada uma das fontes de informação existentes, notaremos a presença da seleção de notícias baseada em diferentes critérios de interesses. Poderíamos citar o caso das agências transnacionais de notícias, que fazem a seleção motivadas por interesses ideológicos e econômicos específicos.[22] Ou então, citar o caso dos setoristas, que formam suas "igrejinhas" ou "panelas". A rigor, o setorista deveria apenas fazer o acompanhamento diário do setor que lhe cabe, sugerir pautas à redação e, no caso do rádio, muitas vezes transmitir de viva voz as informações, uma vez que, encontrando-se em posto fixo, tem maiores facilidades para os contatos e o levantamento dos assuntos. Mas na realidade do dia-a-dia, a maioria dos setoristas acaba formando as citadas "panelas", em que predomina o jogo de interesses recíprocos, de origem diversa (principalmente político e/ou econômico). Há inclusive pressões muito fortes, nos setores, contra os que não se sujeitam a divulgar apenas o que a "panela" libera. Essa situação chega ao ponto de não apenas a "panela" selecionar os assuntos que devem ser divulgados, mas também de ser redigido um único texto para os setoristas das diferentes empresas de comunicação lá representadas. Mas não é apenas com os setoristas que o fenômeno se dá. Também alguns repórteres, notadamente os "especializados" em algum campo de atividade (política, economia, esportes etc.) geram esse tipo de influência, entrevistando sempre as mesmas pessoas ou dando destaque para determinados assuntos. Esse é um forte elemento no processo de tornar vicioso o círculo da notícia. Todos sabem, mas poucos provam.

Com isso, as notícias que chegam à redação para serem selecionadas já ultrapassaram uma série de barreiras, cada uma delas representada por diversos interesses, que podem ter origem em fatores legais, políticos, econômicos ou de simples interesse pessoal de alguém que detenha circunstancialmente o poder de decisão naquele momento.[23]

---

22. A esse respeito, vide, por exemplo, Reyes Matta, Fernando. A evolução histórica das agências transnacionais no sentido da dominação. In: *A informação na nova ordem internacional*, pp. 55-72. Ou, Servan-Schreiber, Jean-Louis. *O poder da informação*. Tratando mais especificamente do caso da América Latina, Guareschi, Pedrinho A. *Comunicação & poder — a presença e o papel dos meios de comunicação de massa estrangeiros na América Latina*, pp. 35-37.
23. Jean-Louis Servan-Schreiber, no livro *O poder da informação*, p. 424, cita Richard L. Tobin, que no *Saturday Review* de 13 de maio de 1967 afirmava: "O homem mais poderoso é o chefe das agências Associated Press ou United Press International, qualquer que seja o seu nome, a qualquer hora do dia ou da noite. Todas as estações de rádio dependem, nos seus noticiários, inteiramente dele e da sua integridade, ao escolher as notícias que nos envia

No caso da emissora estar voltada para um jornalismo de natureza mais "substantiva", as triagens sofridas pelas notícias são normalmente em menor número, pois a simples presença do "palco da ação", a presença do repórter da emissora no próprio local do acontecimento, elimina uma série de barreiras. Mas outras sempre persistem, como o caso citado dos entrevistados selecionados pelo repórter que está cobrindo o acontecimento. No caso do jornalismo de natureza "adjetiva", as triagens são normalmente muito maiores, uma vez que se está trabalhando com material fornecido por fontes indiretas — e às vezes muito indiretas — como agências, *press--releases*, escuta ou até jornais e outras publicações.

O jornalista, no rádio, vai poder fazer a seleção dos acontecimentos que acabaram chegando ao seu conhecimento, ou seja, aqueles que já ultrapassaram uma série de obstáculos. Da mesma forma que "... um acontecimento de que a imprensa não fala é um acontecimento que, simplesmente, não aconteceu"[24], o profissional do rádio só vai poder considerar como acontecimentos aqueles que lhe chegam às mãos, de uma ou de outra forma.

No sistema comercial de exploração da radiodifusão é a preferência das audiências e não a qualidade dos programas que vai determinar seu sucesso ou fracasso. "O profissional que escreve para rádio e televisão precisa ter sempre presente que o seu trabalho possui, às mais das vezes, um papel secundário. Seu verdadeiro objetivo é atrair certa audiência a quem se possa vender a mercadoria anunciada ou o serviço oferecido. Nem pode esquecer que, além das restrições legais e éticas a que está sujeito o *broadcasting*, o seu trabalho não só vai penetrar nos lares, diretamente, disputando a preferência com diversos outros concorrentes, lutando com muitos e fortes competidores, como, e ainda, que o público ouvinte é o mais diversificado possível."[25]

O profissional, para poder sobreviver, acaba, consciente ou instintivamente, conhecendo os limites que lhe são impostos, na maioria das vezes, por invisíveis linhas divisórias entre o "permitido" e o "não permitido", que ele precisará aprender a reconhecer por meio da experiência.

Se o problema já se apresenta a nível legal — as leis são formas cujo conteúdo permite interpretações diferentes e, no caso específico

---

pelos telex". E isso vale também para as outras grandes agências, que distribuem informações para milhares de empresas de comunicação assinantes que, em sua grande maioria, jamais discutem a validade daquelas notícias.
24. Servan-Schreiber, Jean-Louis. *Op cit.*, p. 149.
25. Araújo, Carlos Brasil de. *O escritor, a comunicação e o radiojornalismo*, p. 33.

da legislação a respeito da informação, essa amplitude de interpretações se mostra, por vezes, abrangente a ponto de qualquer atividade poder ser enquadrada em algum pressuposto legal —, no nível político-econômico essa fluidez é ainda mais ampla. "Os laços entre o político e o econômico são difíceis de virem à luz. Às vezes, o político prepondera a tal ponto sobre o econômico que chega a apagá-lo totalmente."[26] As implicações políticas na interação entre a economia e a informação estão sempre presentes, já que "o poder está no controle"[27], tanto da economia quanto da informação.

Muitas vezes o aspecto político atua como elemento diretamente econômico, mediante a possibilidade do Estado tornar-se um poderoso anunciante em um veículo ou em outro, cuja verba signifique muito no faturamento da emissora, submetendo-a às determinações oficiais, não mais apenas por meio da pressão legal, mas também por meio da pressão econômica.

Assim, quando o jornalista vai realizar a seleção das notícias que a emissora apresentará a seu público, tem em vista que os critérios a serem adotados englobam filtros de origens variadas, representados pelos pressupostos legais e pelos interesses político-econômicos a que a emissora está sujeita. Os critérios de seleção originam-se do equilíbrio entre as normas determinantes da empresa — que podem ser explícitas ou implícitas —, a objetividade operacional do jornalista e a subjetividade do indivíduo que ocupa o cargo. É a procura da "verdade objetiva" que deve ser dada ao público. "Um critério de verdade objetiva não é o modo natural de fazer as coisas, mas uma das características peculiares da tradição greco-romana-ocidental. (. . .) E o valor-verdade é um critério bastante curioso. É impiedosamente estabelecido sobre dois valores e dominado pela lei do meio excluído, algo que a lógica indiana clássica, por exemplo, jamais aceitou — suas asserções podem ser simultaneamente verdadeiras e falsas. O critério ocidental de valor-verdade supõe que uma afirmação tem validade ou falta de validade, inerente, em si mesma, e independente de quem diz e por quê".[28]

Finalmente, é importante ressaltar que no processo percorrido pela informação, desde a fonte até sua divulgação, não apenas os critérios de seleção de notícias são importantes. A angulação com

---
26. Toussaint, Nadine. *A economia da informação*, p. 17.
27. Schramm, Wilbur. O desenvolvimento das comunicações e o processo de desenvolvimento. In: Pye, Lucian W. (org.). *Comunicações e desenvolvimento político*, p. 46.
28. Sola Pool, Ithiel de. Meios de comunicação de massa e a política no processo de modernização. In: Pye, Lucian W. (org.). *Comunicações e desenvolvimento político*, p. 171.

que a mensagem informativa é elaborada é também um processo de seleção: após passar por todos os filtros, a notícia selecionada para ser transmitida tem ainda selecionados os conteúdos que a constituem. Assim, o fato estará presente, mas poderá ser apresentado com diferentes enfoques e grau de importância dentre as demais notícias selecionadas.

CONCLUSÕES

Diante do quadro até aqui apresentado, podemos considerar que as variáveis que interferem na determinação dos critérios de seleção dos conteúdos dos programas — e, no caso do jornalismo, da informação que será dada a conhecer ao público —, envolvem aspectos múltiplos, interdependentes entre si, abrangendo o macro e o microambiente social em que a emissora está situada. Esses diversos grupos de pressão acabam determinando comportamentos específicos, tanto a nível da empresa como do profissional que nela exerce sua atividade.

Com relação à empresa, as interferências sobre os critérios de seleção dos conteúdos da programação se situam em dois níveis:

a) *legal:* representado pelas condições decorrentes da concessão, pelo que determinam o Código Brasileiro de Telecomunicações, a Lei de Imprensa, a Lei de Segurança Nacional etc.;

b) *político-econômico:* representado pelos interesses do grupo concessionário da empresa no que tange a seu posicionamento político e a sua sustentação financeira, que tem por base a publicidade comercial.

Considerando o aspecto do profissional — e no caso da informação, o jornalista — que vai ser o elemento diretamente responsável pela seleção, existem também dois níveis:

a) *objetivo:* formado a partir das normas determinantes da empresa e dos critérios explícitos relacionados à seleção de notícias, levando em consideração as características da chamada "ciência jornalística";

b) *subjetivo:* aspectos que se manifestam secundariamente, sempre que as notícias em pauta não conflitem com as normas determinantes da empresa.

Essas normas são formadas a partir do atendimento a todas as condições a que a empresa está sujeita, tanto ao nível legal quanto ao político-econômico, acima citados.

As características do que seria a "ciência jornalística" são definidas por vários teóricos, destacando-se, entre eles, Otto Groth. Atualidade, periodicidade, difusão coletiva e universalidade são características básicas enunciadas por Groth. Angel Faus Belau [1] analisa essas características em função do rádio, acrescentando-lhes algumas outras, como rapidez, prioridade e credibilidade.

O aspecto subjetivo do profissional na tarefa de seleção de notícias manifesta-se na medida em que não há desrespeito a nenhum dos aspectos referentes às normas determinantes da empresa e que possam ser contornados os chamados "critérios jornalísticos" de seleção de notícias. Como diz Nilson Lage, "... secundariamente, operam ainda gostos individuais de pessoas que dispõem momentaneamente de algum poder, ou avaliações prévias quanto a efeitos, conseqüências ou desdobramentos de um fato noticiado".[2]

Essa diferenciação que apresentamos só existe a nível teórico; na prática, quem faz a seleção de notícias — o jornalista — utiliza critérios operacionais que são formados a partir de uma interpenetração de todos os fatores envolvidos na questão.

Outro aspecto importante que deve ser ressaltado é o do universo informativo disponível para ser selecionado — a oferta de notícias. De acordo com a quantidade e a importância dessas notícias, haverá predominância em maior ou menor grau dos níveis objetivo ou subjetivo na seleção.

Se, em termos teóricos, o complexo publicitário não deveria influenciar o conteúdo dos meios de comunicação de massa, na prática a pressão exercida pelos anunciantes é muito nítida. Ao lado da pressão legal que a radiodifusão sofre, originada no fato de ser o direito de transmissão uma concessão do Estado a título precário e nas leis que norteiam a informação e a Segurança Nacional, o Governo também manifesta seu poder pela forma econômica, por meio de verbas investidas nos veículos de comunicação de massa. A divulgação de campanhas promocionais do próprio Governo Federal e seus órgãos, de empresas estatais ou de economia mista, permite ao Governo exercer dupla possibilidade de pressão: legal e econômica, mesclando-se, entre ambas, a pressão política.

A pressão dos anunciantes na determinação do conteúdo dos programas informativos pode exercer-se em dois níveis:

---

1. Faus Belau, Angel. *La radio: introducción al estudio de um medio desconocido*, pp. 215-221.
2. Lage, Nilson. *Ideologia e técnica da notícia*, p. 67.

1) *global:* que tem aparência difusa, pois uma emissora, para sobreviver e poder desenvolver sua influência e rentabilidade, precisa conseguir o máximo de publicidade. Para isso, sua programação — assim como a linha de seus informativos e as notícias divulgadas — acaba "amoldando-se" para atender às exigências e satisfazer a expectativa dos anunciantes;

2) *individual:* os anunciantes podem exercer pressões em nome de seus interesses pessoais ou de grupo. Quanto maior a participação do anunciante no faturamento da emissora, maiores as possibilidades de pressão que ele pode exercer individualmente. No extremo oposto, quanto maior o número de anunciantes cujas verbas se equilibram quanto à participação total no faturamento da emissora, menor a pressão que cada um deles, isoladamente, poderá exercer.

Basicamente, encontramos dois tipos de anunciantes nas emissoras de rádio: *principais* e *secundários*. Os anunciantes principais são aqueles que patrocinam os programas como um todo e os secundários, aqueles cuja mensagem publicitária é inserida em alguns dos intervalos comerciais.

De maneira geral, os anunciantes principais dos programas de informação atualmente existentes nas principais emissoras brasileiras são os bancos, as financeiras, a indústria automobilística e de autopeças, os combustíveis e lubrificantes para automóveis, as companhias aéreas e as de construção civil. Pelas categorias de produtos e serviços que são veiculados nos programas jornalísticos, pode-se concluir que o anunciante que mantém financeiramente a presença da informação no rádio visa um público com poder aquisitivo mais elevado, que tem condições suficientes para consumir esses produtos e serviços.

"A informação é uma função social; não deve ser um negócio" [3], afirma Somavía. Mas ele reconhece que a informação passou a ser uma mercadoria que se vende no mercado. "A concepção mercantil da notícia leva estruturalmente implícita uma discriminação sistemática contra aqueles fatos que não podem ser 'vendidos', e que, portanto, de acordo com essa racionalidade, não são 'notícia', porque não interessam ao mercado dominante. Igualmente, há uma tendência à distorção para adequar o enfoque dos fatos às formas que os façam mais vendáveis." [4]

---

3. Somavía, Juan. A estrutura transnacional de poder e a informação internacional. In: Werthein, Jorge. *Meios de comunicação: realidade e mito*, p. 140.
4. *Ibid.*, p. 138.

BIBLIOGRAFIA

Araújo, Carlos Brasil de. *O escritor, a comunicação e o radiojornalismo*. Brasília, Câmara dos Deputados, Diretoria de Documentação e Publicidade, 1972.

Bahia, Juarez. *Jornal — história e técnica*. 3.ª ed. São Paulo, Ibrasa, 1972.

Caparelli, Sérgio. *Comunicação de massa sem massa*. São Paulo, Cortez, 1980.

Cayrol, Roland. *La presse — écrite et audio-visuelle*. Paris, Presses Universitaires de France, 1973.

Costella, Antonio. *O controle da informação no Brasil*. Petrópolis, Vozes, 1970.

Costella, Antonio. *Direito da comunicação*. São Paulo, Revista dos Tribunais, 1976.

Costella, Antonio. *Comunicação — do grito ao satélite*. São Paulo, Mantiqueira, 1978.

Faus Belau, Angel. *La radio: introducción al estudio de un medio desconocido*. Madrid, Guadiana, 1973.

Federico, Maria Elvira B. *História da comunicação — rádio e tv no Brasil*. Petrópolis, Vozes, 1982.

Goldfeder, Miriam. *Por trás das ondas da Rádio Nacional*. Rio de Janeiro, Paz e Terra, 1981.

Guareschi, Pedrinho A. *Comunicação & poder — a presença e o papel dos meios de comunicação de massa estrangeiros na América Latina*. Petrópolis, Vozes, 1981.

Hall, Mark W. *Broadcast journalism — an introduction to news writing*. 4.ª ed. New York, Hastings House, 1976.

Hayakawa, S. I. *A linguagem no pensamento e na ação*. 2.ª ed. São Paulo, Pioneira, 1972.

Lage, Nilson. *Ideologia e técnica da notícia*. Petrópolis, Vozes, 1979.

Lopes, Saint-Clair. *Comunicação — radiodifusão hoje*. Rio de Janeiro, Temário, 1970.

Madrid, André Casquel. *Aspectos da teleradiodifusão brasileira*. São Paulo, ECA/USP, 1972. Tese (Doutoramento).

Moles, Abraham A. et alii. *Civilização industrial e cultura de massas*. Petrópolis, Vozes, 1973.

Moles, Abraham A. *Sociodinâmica da cultura*. São Paulo, Perspectiva/Edusp, 1975.

Morin, Edgar. *Cultura de massas no século vinte (o espírito do tempo)*. Rio de Janeiro, Forense, 1967.

Nobre, Freitas. *Lei da informação*. São Paulo, Saraiva, 1968.

Pye, Lucian W. (org.). *Comunicações e desenvolvimento político*. Rio de Janeiro, Zahar, 1967.

Rabaça, Carlos Alberto e Barbosa, Gustavo. *Dicionário de comunicação*. Rio de Janeiro, Codecri, 1978.

Ramos, José Nabantino. *Jornalismo — dicionário enciclopédico*. São Paulo, Ibrasa, 1970.

Reyes Matta, Fernando (org.). *A informação na nova ordem internacional*. Rio de Janeiro, Paz e Terra, 1980.

Sampaio, Walter. *Jornalismo audiovisual — teoria e prática do jornalismo no rádio, tv e cinema*. Petrópolis, Vozes, 1971.

Servan-Schreiber, Jean-Louis. *O poder da informação*. Portugal, Publicações Europa-América, 1974.

Terrou, Fernand. *A informação*. São Paulo, Difusão Européia do Livro, 1964.

Toussaint, Nadine. *A economia da informação*. Rio de Janeiro, Zahar, 1979.

Vampré, Octávio Augusto. *Raízes e evolução do rádio e da televisão*. Porto Alegre, Feplam/RBS, 1979.

Werthein, Jorge (org.). *Meios de comunicação: realidade e mito*. São Paulo, Nacional, 1979.

Sobre a Autora

Gisela Swetlana Ortriwano é formada em Ciências Sociais pela Faculdade de Filosofia, Letras e Ciências Humanas e em Jornalismo pela Escola de Comunicações e Artes, ambas da Universidade de São Paulo. Além das atividades didáticas nas áreas de Jornalismo Radiofônico e Televisionado na Escola de Comunicações e Artes da USP e no Instituto Metodista de Ensino Superior, é chefe do Setor de Pesquisa do Departamento de Jornalismo da Fundação Padre Anchieta — Rádio e Televisão Cultura de São Paulo, cargo anteriormente ocupado na TV Globo/SP, onde implantou o Setor de Pesquisa.

A Informação no Rádio: os grupos de poder na determinação dos conteúdos constitui parte, editorialmente reelaborada e atualizada, da dissertação de mestrado, defendida em junho de 1982.

IMPRESSO NA

sumago gráfica editorial ltda
rua itauna, 789   vila maria
02111-031   são paulo   sp
telefax 11 **6955 5636**
sumago@terra.com.br

GRÁFICA
sumago

------------------------------ dobre aqui ------------------------------

Carta-resposta
9912200760/DR/SPM
Summus Editorial Ltda.
CORREIOS

CARTA-RESPOSTA
NÃO É NECESSÁRIO SELAR

O SELO SERÁ PAGO POR

AC AVENIDA DUQUE DE CAXIAS
01214-999 São Paulo/SP

------------------------------ dobre aqui ------------------------------

A INFORMAÇÃO NO RÁDIO

CADASTRO PARA MALA-DIRETA

Recorte ou reproduza esta ficha de cadastro, envie completamente preenchida por correio ou fax, e receba informações atualizadas sobre nossos livros.

Nome: _____ Empresa: _____
Endereço: ☐ Res. ☐ Coml. _____ Bairro: _____
CEP: ___-___ Cidade: _____ Estado: ___ Tel.:( ) _____
Fax: ( ) _____ E-mail: _____
Profissão: _____ Professor? ☐ Sim ☐ Não Disciplina: _____ Data de nascimento: _____

1. Você compra livros:
☐ Livrarias ☐ Feiras
☐ Telefone   ☐ Correios
☐ Internet   ☐ Outros. Especificar: _____

2. Onde você comprou este livro? _____

3. Você busca informações para adquirir livros:
☐ Jornais   ☐ Amigos
☐ Revistas   ☐ Internet
☐ Professores ☐ Outros. Especificar: _____

4. Áreas de interesse:
☐ Educação   ☐ Administração, RH
☐ Psicologia   ☐ Comunicação
☐ Corpo, Movimento, Saúde   ☐ Literatura, Poesia, Ensaios
☐ Comportamento   ☐ Viagens, *Hobby*, Lazer
☐ PNL (Programação Neurolingüística)

5. Nestas áreas, alguma sugestão para novos títulos? _____

6. Gostaria de receber o catálogo da editora? ☐ Sim ☐ Não
7. Gostaria de receber o Informativo Summus? ☐ Sim ☐ Não

Indique um amigo que gostaria de receber a nossa mala direta

Nome: _____ Empresa: _____
Endereço: ☐ Res. ☐ Coml. _____ Bairro: _____
CEP: ___-___ Cidade: _____ Estado: ___ Tel.:( ) _____
Fax: ( ) _____ E-mail: _____
Profissão: _____ Professor? ☐ Sim ☐ Não Disciplina: _____ Data de nascimento: _____

Summus Editorial
Rua Itapicuru, 613 7º andar 05006-000 São Paulo - SP Brasil Tel. (11) 3872-3322 Fax (11) 3872-7476
Internet: http://www.summus.com.br e-mail: summus@summus.com.br